然野趣
大观察

野菇

——进入奇妙的大型真菌世界

THE ULTIMATE GUIDE TO MUSHROOMS

超值版

张东柱　周文能　著
黄崑谋　绘

海峡出版发行集团
THE STRAITS PUBLISHING & DISTRIBUTING GROUP
福建科学技术出版社

目录

4 序一 是文明也是享受
5 序二 从野菇看天下
6 野菇大类辨识法
14 如何使用本书

16 认识篇

18 什么是菇
20 野菇万花筒
22 菇的家族
24 从头到脚细看野菇
30 显微镜下的奥秘
32 菇的身世
34 菇的一生
36 孢子的保护与传播
38 野菇的生存绝招
42 菇与人

44 相遇篇

46 野菇在哪里
50 赏菇好时机
52 野外赏菇去

58 观察篇

60 蜡伞科
64 口蘑科
70 鹅膏科
74 粉褶菌科
78 光柄菇科
82 环柄菇科
86 伞菌科
90 鬼伞科
94 粪伞科
98 球盖菇科
102 丝膜菌科
106 红菇科
110 侧耳科
114 裂褶菌科
116 牛肝菌科
120 灵芝科
124 多孔菌科
130 齿菌科

134 皮革菌科
138 柄杯菌科
140 刺革菌科
146 鸡油菌科
150 珊瑚菌科
154 革菌科
158 鸟巢菌科
162 马勃科
166 硬皮马勃科
170 鬼笔科
174 木耳科
178 柔膜菌科
180 核盘菌科
182 火丝菌科
184 肉杯菌科
186 马鞍菌科
188 炭角菌科
190 麦角菌科

194 附录

194 如何实地观察野菇
198 如何观察细微特征
201 如何避免误食毒菇

序一 是文明也是享受

谁能长得大又活得老？这世界之最竟然是美国的一株真菌。2600 年前它是一粒小孢子，在土壤里萌发的菌丝不断生长，现在它的身躯覆盖面已有 900hm^2，是数百吨重的庞然巨物了。真菌的菌丝分泌出消化酶可分解周围的有机分子，再吸收回体内。它们旺盛的生命活动让动、植物的尸体不会堆积，让物质在生命与非生命界间流转循环。

真菌是生态系的重要成员，然而我们对它的认识太有限了。地球上可能有 150 万种真菌，但是现在只有 10 万种有名字。走在林子里，随手摘下腐木上的一朵菇，有不少可能就是新种。人们所谓的菇其实是真菌的子实体，它们的色彩形状变化多端，多数是可赏又可食，不过鉴定它们可是个大学问。

30 年前，我曾数次到深山老林探访水苔沼泽。若问我看过的最迷人景致在哪里？这片沼泽边的夜光森林是我毫不迟疑的首选。入夜后，宿营的整个林子里发出片片幽光，带给视觉上的震撼是无与伦比的。演出的主角就是真菌，它们的发光菌丝爬满了潮湿的枯枝落叶；林地上厚厚的腐叶，枝桠上也卡了一些；还有正随风飘落的、绚丽的萤光在黑夜流动着。多年过去了，山径已毁，去路难寻，我也并非真菌专家，因此至今仍不知这发光真菌的名字。

多识鸟兽草木之名，是文明也是享受，但得有专家的指引。我们何其有幸，我国的野菇物种丰富，而专家又肯入世为大众编撰科普图文书籍，和大家分享他们的知识和精彩的图片。

李家維

生命科学教授・科学人杂志总编辑

序二 从野菇看天下

野菇可说是体型较大的真菌，在真菌世界中肉眼可见、体型较大的真菌其实在全部真菌中的比例极小，大部分的真菌都是肉眼看不到的，它们以菌丝形态生活在各种环境中。虽然看不到，可是它们却扮演着极为重要的角色，让死亡生物的有机物质分解，让存活的生物得以再利用这些物质，人类也因而直接或间接地得到好处。今天的社会喜欢用经济效益评估事物，然而如果自然界没有像真菌这样不需支领任何薪酬的“清道夫”，单是堆积如山的有机物、尸体，及其所衍生出的问题，人类可能就穷于应付了。所以此时出版的本书不仅可以让我们获得大型真菌的相关知识，更能带领我们悠游野菇的世界，让周围事物变得更多彩多姿。

再看看中国台湾，有人说那里没有什么资源，乍看之下似乎如此，可是台湾拥有多样的生态资源，却是个不争的事实，例如举世皆知台湾是个樟树王国、蝴蝶王国，而这些只是多样性中的一小部分而已，要山有山、要海有海，小小的面积却拥有如此多样的生态环境变化，更是傲人的生态特色。此外，历经上万年来所累积的生活智慧与近代的教育水准不断提升，台湾准备通过生态旅游来拥抱世界。目前除了通过对各类生物的了解丰富个人的旅游深度外，与自然界相融的优质住宿空间及其邻近环境的生态旅游也正蓬勃发展中，在这当中具有丰富生态知识的导游人员当然是生态旅游的灵魂人物，而介绍生态的各种科普读物则是不可或缺的基石，每一本书都是许多学者、专家的心血结晶，也因此奠基于此的生态旅游应是一种全民运动，将来则是生活的一部分，也是人们应享有的福利。如果我们可以从此一角度观看本书的出版，也许能看得更为宏观！

郭城孟

永续生态旅游协会理事长

野菇大类辨识法

以下 8 页，陈列观察篇所介绍的常见五大类 36 科野菇代表种的手绘图，只要按照页码查索，详读内文，即可大致掌握该野菇的重要特征、生态习性与有趣的相关知识。

褶菌类

■蜡伞科………见第 60 页

■鹅膏科………见第 70 页

■口蘑科………见第 64 页

■粉褶菌科………见第 74 页

■光柄菇科………见第 78 页

■环柄菇科………见第 82 页

■伞菌科………见第 86 页

■鬼伞科………见第 90 页

■粪伞科………见第 94 页

■球盖菇科·········见第 98 页

■侧耳科·········见第 110 页

■丝膜菌科·········见第 102 页

■红菇科·········见第 106 页

■裂褶菌科·········见第 114 页

■灵芝科………见第 120 页

■牛肝菌科………见第 116 页

■齿菌科………见第 130 页

■多孔菌科………见第 124 页

■皮革菌科………见第 134 页

■柄杯菌科………见第 138 页

■鸡油菌科………见第 146 页

■刺革菌科………见第 140 页

■鸟巢菌科·········见第 158 页

■珊瑚菌科·········见第 150 页

■马勃科·········见第 162 页

■革菌科·········见第 154 页

■硬皮马勃科·········见第 166 页

■鬼笔科………见第 170 页

子囊菌类

■柔膜菌科………见第 178 页

■核盘菌科………见第 180 页

胶质菌类

■木耳科………见第 174 页

■火丝菌科………见第 182 页

■肉杯菌科………见第 184 页

■炭角菌科………见第 188 页

■马鞍菌科………见第 186 页

■麦角菌科………见第 190 页

如何使用本书

本书是一本认识菇类（大型真菌）的图解入门书。全书主要分为认识篇、相遇篇、观察篇与附录四部分：认识篇综述菇类的基本概念；相遇篇探讨菇类生长习性与环境的关联性，并提供赏菇时机及菇类分布的相关信息；观察篇是本书的重点，其中以深入浅出的菇类生态图解，呈现常见5大类36科菇类的典型样貌，为读者提供外观辨识的要点，并详述该科菇类独特的生态习性、相关应用，以及其他有趣的知识。附录则提供了野外实地观察、细微特征观察的行动指南，以及如何避免误食毒菇等实用建议。

建议读者可以先阅读认识篇与相遇篇，对菇类有初步的认识后，再进入观察篇。

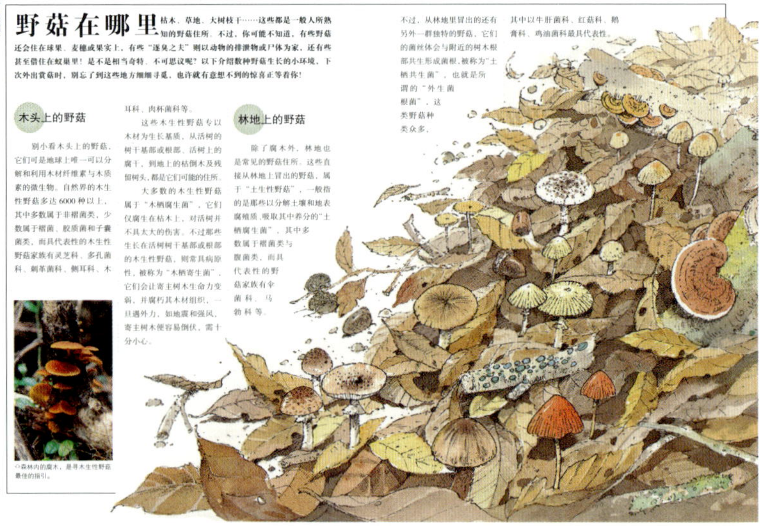

1 阅读认识篇与相遇篇，了解菇类的相关背景知识，并熟悉常见的专有名词。

2 从 6~13 页 选择最有兴趣的科别，至观察篇详阅该科完整介绍，同时可配合现场观察使用。

●**小档案**：列举该科正式的分类地位（含中、英文科名）、全世界及中国包含的属种数，以及全世界及中国分布的情形。

●**主文**：该科主要特征与生态习性的概述。

●**延伸知识**：归纳整理该科各种有趣的背景与延伸知识，包含生态、演化、生活应用等面向。

●**检索书眉**：以不同颜色的长方形色块区分 5 大类野菇，并附上该类该科的中文名。

●该科的相关照片。

●**主图注记**：拉线提示该科的观察重点（参见备注），并视情况搭配局部特征照片辅助说明。虚线表示主图角度无法清楚呈现所指部位的全貌。

●**代表种主图**：以精密细致的手绘图，呈现该科典型的外观特征与生态习性。

【备注】观察篇主图注记中的“颜色”，是指全株常见的色系；而“体型”，主要分为大、中、小 3 个等级，其中大型的为平均菌盖大小（或菇体）为 10cm 以上，中型为 2~8cm，小型则为 2cm 以下。

认识篇

菇是什么？

是植物？还是动物？

起源于何处？家族成员有多少？

奇妙而独特的永生秘诀如何展现？

微小角色如何担负地球清道夫的大责任？

与人类有什么“爱恨情仇”的因缘？

本篇试图解开菇类的种种谜团，

呈现既真实又不可思议的菇世界。

什么是菇

许多人都以为菇是植物，其实非也！虽然菇类和植物一样不会走动，但却没有植物能进行光合作用的叶绿体，因此不是植物一族。事实上，它们和发霉面包上的青霉菌及有益身体的酵母菌亲缘更近些，分类学家将其统归为“真菌”，而菇类明显易见，所以又被称为“大型真菌”。

菇的特征

一般人对菇类的印象通常有：“像一把雨伞”“长在湿暗的地方”“神出鬼没”“质地有硬有软”等。其实菇类的外观变化万千，生长习性也相当多样，要认识它们，首先就从菇类有别于动物或植物，而独立于真菌界的五大重要特征开始吧！

特征1 不断生长的菌丝

显微镜下的菇类，就像身上穿的衣物，有着许多纤维丝条交错盘绕。这些可不是它们吐的丝，而是所有真菌生物共同的基本构造——菌丝（hypha）。只要养分和环境条件适合，这些菌丝便能绵延不断地生长，扩展野菇王国的疆土。

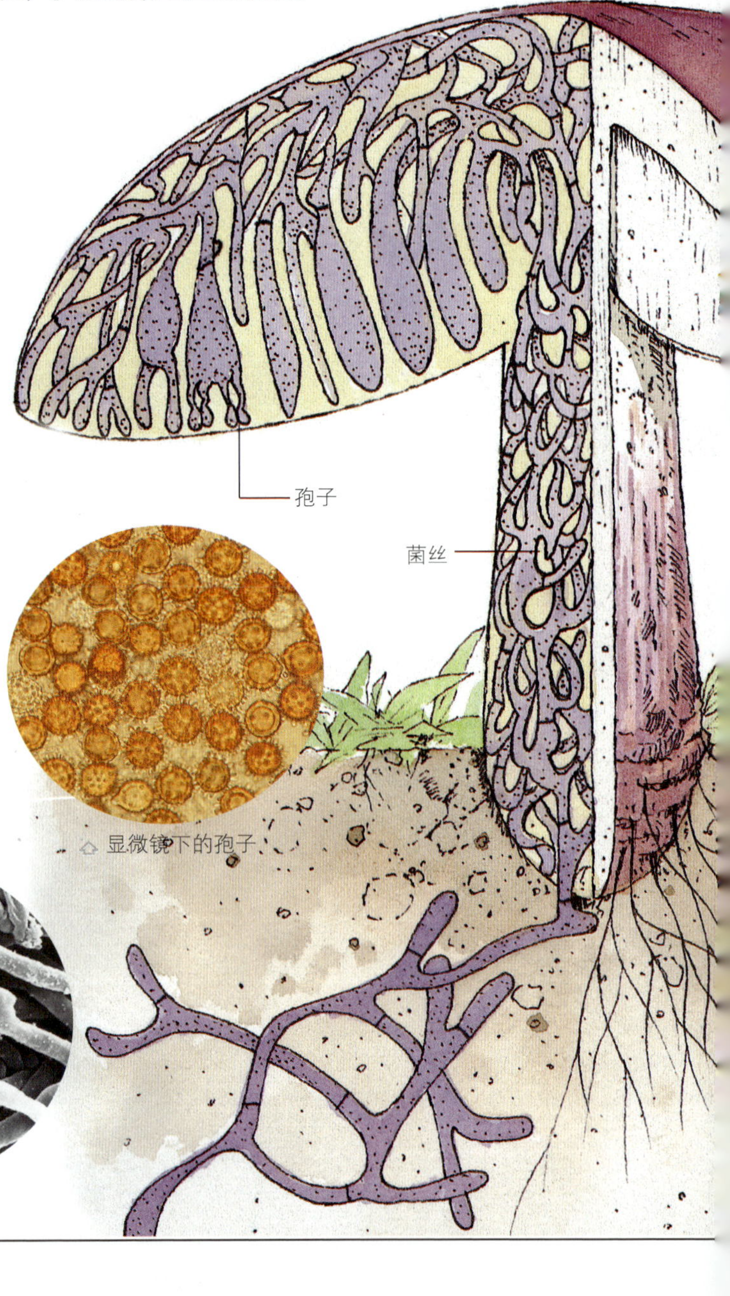

显微镜下的孢子

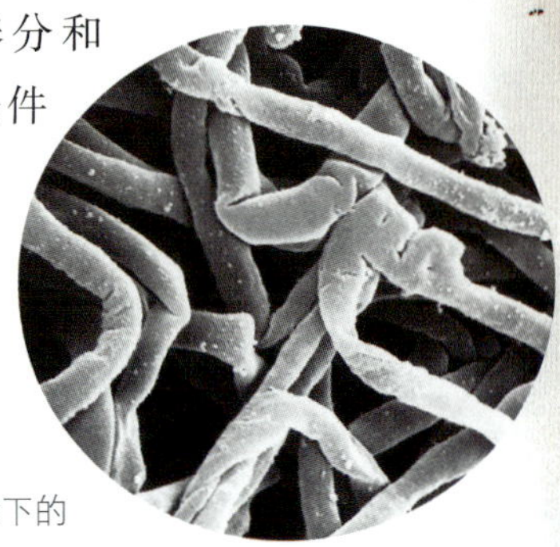
显微镜下的菌丝

特征2 传宗接代的孢子

大雨过后，原本光秃的绿地或腐木上，冒出了一个个模样可爱的野菇，这群不速之客到底来自何方？古希腊人和罗马人，流传着野菇是有机物分解或雷击后的产物的说法，一直到18世纪初期，人们才解开野菇成长的谜团，原来这些菇类都是由孢子繁衍而来。因此野菇和苔藓、蕨类这些低等植物同属所谓的孢子生物。

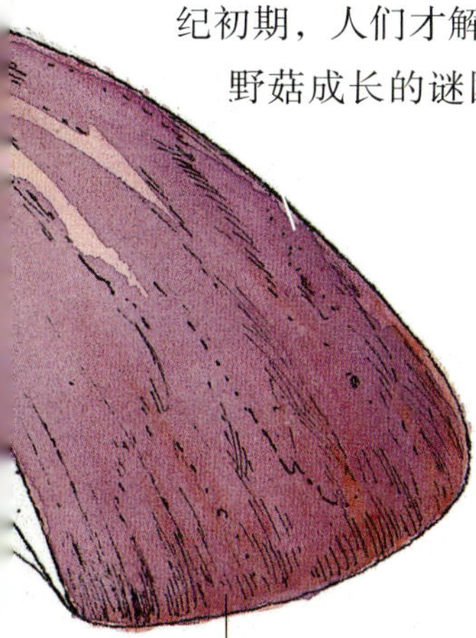

子实体

特征3 孕育生命的子实体

一般人看到的菇类，其实是所谓的“子实体”（fruiting body），或称菇体。它们就像开花植物的花器或女人的子宫，属于特化的生殖构造，主要的功能是用来孕育孢子、繁衍后代。而菇体的形成（俗称发菇或出菇），也是让菇类被归为“高等真菌”“大型真菌”的重要依据。只不过一般人常会将子实体等同于菇类的全部，殊不知大多数时间，这些野菇都是以无数菌丝聚合形成的菌丝体藏于土里或腐木中，等到环境条件适合，才会发菇。所以子实体在野菇一生中，只占了一小段时期而已！

以腐木为生
黏小奥德蘑

特征4 寄人篱下的宿命

菇类不像植物具有叶绿体，可进行光合作用自我谋生，因而注定了它们寄人篱下的宿命。它们在整个生态系统中扮演“分解者”的角色，生长的基质相当多样，从腐木、土壤、粪便、枯枝落叶到动物的尸体都有。它们靠分泌至体外的消化酶，将生长基质在体外进行分解消化，再吸收所需的养分，而且在这个过程中，将一些所谓的“大地垃圾”分解清理干净，所以封它们为大自然最尽责的“清道夫”也不为过。

特征5 长生不老的生命

一般人看到菇体干枯消失，就以为它死亡了。其实菇体完成传宗接代的任务之后，虽也如花朵凋谢般消失，但只要环境允许，藏于生长基质中的菌丝，仍可以不断生长。此外，即使条件不佳，菌丝也只是进入休眠状态，一旦获取新的养分，或移入新的环境，又会苏醒。所以，相对于高等生物，菇类的生命可说是永无止境的。

野菇万花筒

如果说开花植物是植物界最耀眼的明星，那么野菇也可说是真菌界最引人注目的主角了。这群独特的生物，模样琳琅满目。初次走入野菇世界，就像窥看万花筒般，总让人赞叹不已！现在让我们开始转动这支神奇的野菇万花筒，仔细领略野菇带来的各种惊奇！

变化多端的造型

“小雨伞”大概是形容野菇最常用的比喻。其实，野菇成员可不只如此，圆的、扁的，高的、矮的，胖的、瘦的，甚至珊瑚状、鸟巢状、羊肚状……变化多端的造型，若有机会一字排开，保证让你大开眼界。

七彩幻化的颜色

野菇的颜色并非像餐桌上的食用菇，仅白色或黄褐色，显得有些单调。野菇就像植物界里的开花植物，经常为大地增添缤纷的色彩，它们其实也是森林或草地间幽静角落的美丽传奇，红、橙、黄、绿、蓝、靛、紫，如同彩虹般各种不可思议的色彩，让人不禁要赞叹造物主的神奇。

比例悬殊的菇体

野菇和其他生物相比，个头不算太大。不过若把目前发现的最大菇类——直径达数米的一种多孔菌，与小到眼睛几乎看不见的子囊菌摆在一起，那就小巫见大巫了。中国最小野菇尚无定论，若是说到最大的野菇，口蘑科的巨大口蘑可真是名副其实，它的菌盖大，菌柄更可达 90cm 呢。

有些菇类的菌盖大过手掌

菇的家族

菇的家族有多大？又是怎么分门别类？目前已知真菌界的物种数目约 12 万种，而其中大型真菌约占 1 万种。面对这么庞大的野菇成员，真菌学家有着许多不同的分类系统。本书则选用传统的分类方法，将野菇分为两大群（担子菌、子囊菌）五大类（褶菌、非褶菌、腹菌、胶质菌、子囊菌），让一般人较易依循，得以进入这个奇妙而独特的野菇世界。

两大群五大类

菇类依有性孢子的类别，可以分为两大群。第一大群是子囊菌，我们统称为“子囊菌类”，此群的菇体多小型，不过数量上却是已知真菌中最大的一群。其有性孢子主要生长在子囊（asca）内，称之为“子囊孢子”（ascospores），而子囊着生的构造则称为“子囊果”（ascocarp），日常生活中熟知的冬虫夏草便属此类。

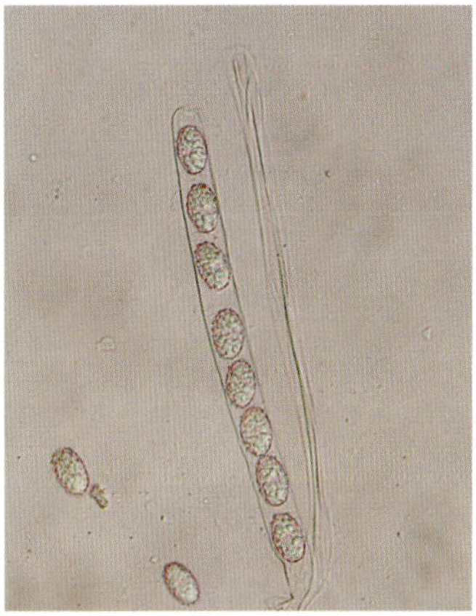

子囊菌的有性孢子包覆于子囊内，因而得名

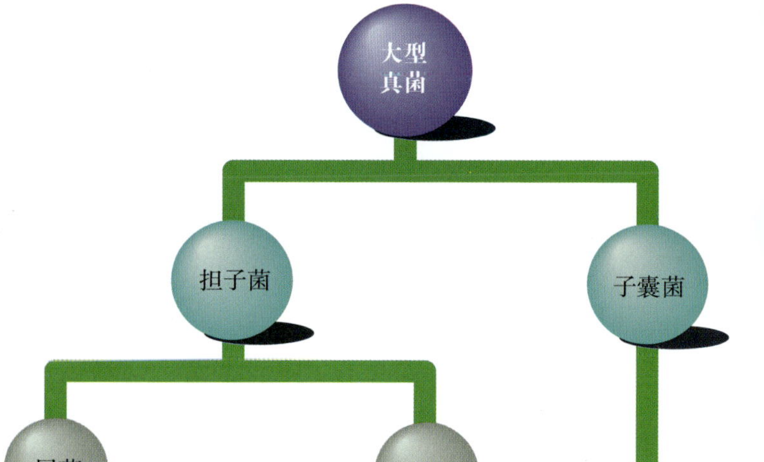
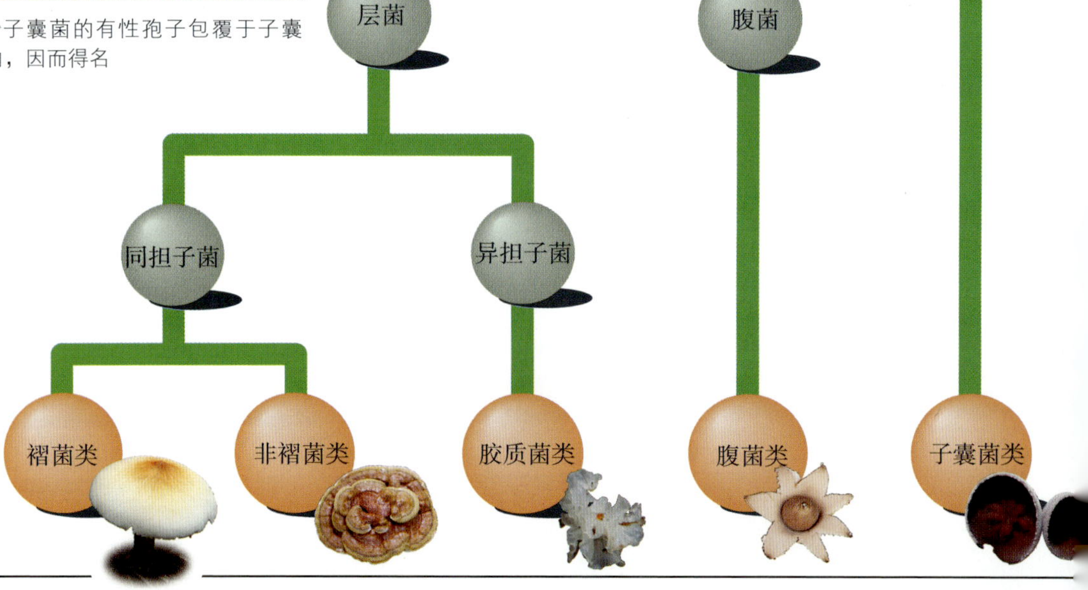

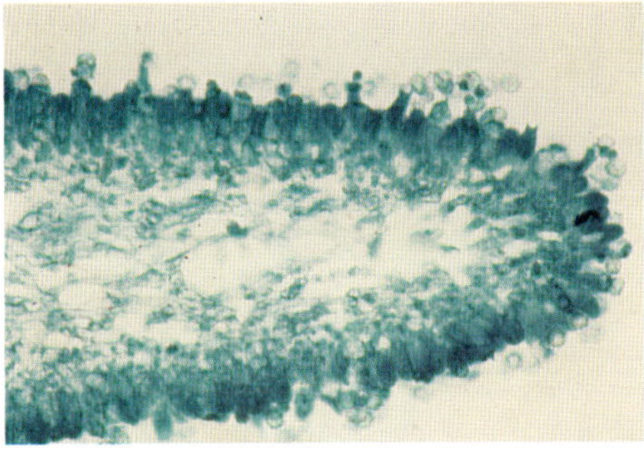
◇担子菌的子实层上密生孕育孢子的担子结构

另一大群是担子菌，其中包括四大类——褶菌类、非褶菌类、腹菌类和胶质菌类，此群的有性孢子主要着生于担子（basidium）顶部的担子柄（basidia）末端，称之为“担孢子”（basidiospores），而担子则常聚集成层，称之为“子实层”（hymenium）。通常担子菌的菇体较大，一般在野外观察到的及日常各种食用菇类多属此类。

另外，担子菌这一大群中，可依孢子着生的子实层是否外露，分为层菌和腹菌两大类。而层菌类依显微镜下观察到的担子柄是否具有分隔，以及菌丝萌发后是否形成分生孢子，分为同担子菌类和异担子菌类（即胶质菌类）。最后，在同担子菌类中又以有无菌褶，细分为褶菌类和非褶菌类。

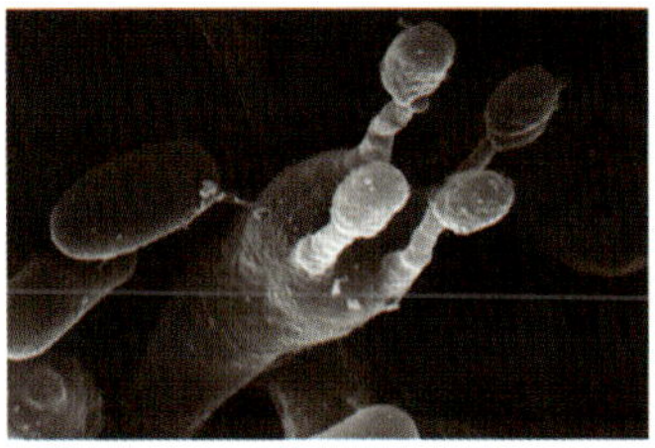
◇担子菌的有性孢子着生于担子柄上，因而得名

独特的真菌界

真菌生物因为不像动物可以自行移动，加上细胞表面明显可见细胞壁，因而在古老的林奈生物两界（动物界、植物界）系统中，被归于植物界原叶体植物群的真菌门，而且从林奈时代直到20世纪50年代，200多年以来一直被沿用，没有多大变化。

不过到了1969年，美国康乃尔大学的Robert H. Whittaker则依据真菌生物并不像植物具有可进行光合作用的叶绿体，营生的方式与植物十分不同，同时真菌生物的细胞壁主要成分为几丁质，植物的细胞壁主要成分则为纤维素，因而将它们自立门户为真菌界，与原核生物界、原生生物界、植物界、动物界同列于生物五界中。

再者，整个真菌界又以菌丝有无分隔，分为低等真菌和高等真菌两大群。其中不具横隔菌丝的低等真菌，主要分为水生的壶菌类和多数陆生的接合菌类，它们并不会形成大型子实体，是属于小型真菌。

至于高等真菌，则主要分为不完全菌类、子囊菌类、担子菌类。其中人们熟知的青霉菌或会产生黄曲毒素的黄曲菌，皆因有性生殖阶段尚未明朗、清楚，所以被归为不完全菌，此类真菌个体都很小，属于小型真菌。而高等真菌中的多数担子菌和部分子囊菌则因会形成大型的子实体，所以被归为大型真菌，它们也就是本书的主角——野菇。

◇发霉橘子上的青霉菌

从头到脚细看野菇

香菇、灵芝、竹荪、木耳、羊肚菌都是菇，怎么长得都不同？原来，五大类野菇就是这么不一样：褶菌形如小伞、非褶菌不见菌褶、胶质菌质地如果冻、腹菌造型最奇特、子囊菌多半娇小可爱。下面依序列出五大类野菇的形态特征和代表菇类，带领读者掌握分辨野菇的秘诀与乐趣。

褶菌类

褶菌类是属于大型担子菌的一群，主要特征为菇体多呈伞形，质地较软、幼嫩多汁且易腐烂。它们大部分具有菌盖、菌褶和菌柄三大部分，一般称为伞菌或软菇，包括有伞菌目、红菇目。它们生长发育较快，菇体生长期也较短，少则一日便枯萎，多也不过十多天。一般人们印象中的褶菌成员包括：餐桌上常见的食用菇——香菇、草菇、洋菇及金针菇等，自然界中许多美味可食的野生菇——鸡枞（鸡肉丝菇）、松茸等，以及人们闻之色变的毒菇——最常被误食中毒的绿褶菇。

■**褶菌类部位名称**

⇧原本包覆子实层的保护膜，开裂之后残留于菌柄形成所谓的菌环

⇧原本包覆整个菇体的保护膜，残留于菌柄基部形成所谓的菌托

看菌盖：仔细观察褶菌的菌盖表面，可不是个个都如绸缎般光滑细致。每种菇类各具特色，有的表面密覆绒毛或是纤维丝条，有的呈现美丽斑纹，有的则凹凸不平等。原来这些菌盖表面的菌丝会集结成毛或鳞片等衍生物，它们的粗细长短及质地柔软粗糙均有差别，这就让每个菌盖看起来如此独特而多样了。

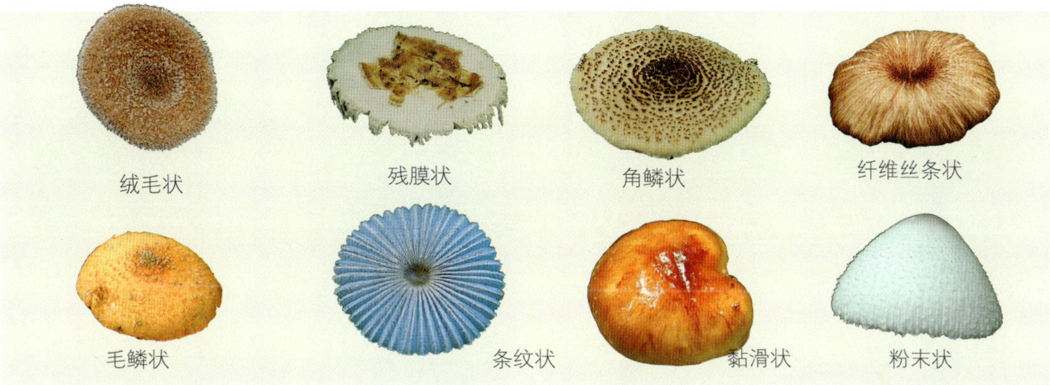
绒毛状　残膜状　角鳞状　纤维丝条状
毛鳞状　条纹状　黏滑状　粉末状

看菌褶：菌褶是褶菌的“注册商标”，更是孕育孢子的重要构造。而且，菌褶的形式并不单调，在辨识菇种上也常扮演重要的角色。例如有些菌类的菌褶较疏松，有些则排列紧密，有些褶与褶之间或有小褶、横脉、分叉，有些菌褶边缘还呈锯齿状，甚至有些菌褶上可见斑点纹，有些则如叶脉般自基部辐射而出等。

叶脉状　褶间有横脉及分叉　具斑点纹　排列疏松

看菌柄和菌环：伞形柄中生是典型褶菌的造型，有些菌类的菌柄还可见一圈如舞裙或泳圈般的美丽菌环，如伞菌、环柄菇。不过并非所有褶菌的菌柄均中生，有些种类的菌柄长偏了，称为“偏生菌柄”，有些则从菌盖侧边生出，称为“侧生菌柄”，有些甚至不具菌柄，而这些菌柄的着生方式及有无菌环的差异，也是辨识菌类的重要依据之一。

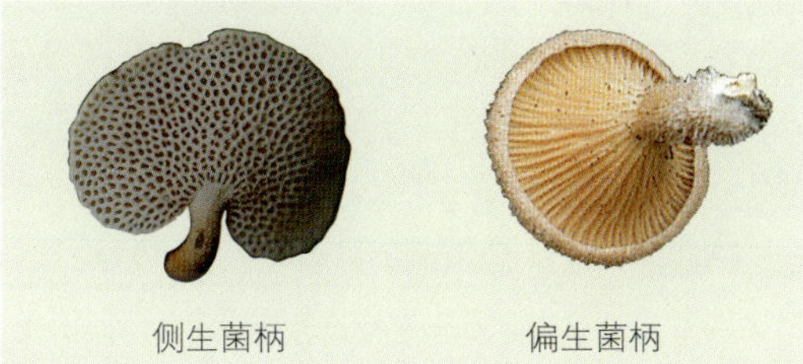
侧生菌柄　偏生菌柄

具菌环的中生菌柄

看菌托：有些褶菌的菌柄基部膨大如球茎或呈花苞状，远看就像穿着鞋子，有趣极了。其实这些膨大的基部并非用来"装扮"野菇的，而是一种保护初生蕈的球状构造，称之为"菌托"。菇体初生时，菌托会包覆住整个初生蕈，让孢子更能安全地在其中生长孕育。等到菇体成熟，菌盖冒出、菌柄伸长后，菌托便残留于菌柄基部了！

环形鳞片状　球茎状　粉末状　花苞状

看菌索：有时观察褶菌会发现有些种类的菌柄基部连着一条长长的菌索（或称假根），不知道的人还以为它们长根了；有些则像爬藤植物般，彼此之间以细小菌索相连；还有一些种类的基部密布一团团的菌丝体。这些称为"菌索"或"菌丝体"的特殊构造，其实是由许许多多的菌丝聚合而成的。它们除了可以帮助菇体繁衍生长外，更是抵抗不良环境因素（如干燥、寒冷等）的秘密武器。

辐毛鬼伞的菌柄基部密生毛毯状的菌丝体

以菌索彼此相连的安络小皮伞

鸡枞地底下的假根十分细长明显

非褶菌类

非褶菌类也属于大型担子菌，但主要特征刚好与褶菌类相反，其子实层绝大多数并非褶状，而呈孔状、齿针状、平滑状至褶棱状，包括牛肝菌目、多孔菌目、非褶菌目及刺革菌目。其中除了牛肝菌目的菇体肉质较软、生长期较短外，其他非褶菌类的菇体常呈扇形，多半无柄或短柄，质地则多革质化、木栓化至木质化，也就是一般俗称的硬菇。

而和所谓的软菇相比，它们的生长速度较为缓慢，生长期也较长，从数日至数年，甚至数十年。一般人们印象中的非褶菌类有强身保健的灵芝、牛樟芝、茯苓等。

看子实层：观察非褶菌类的子实层，常会让人大开眼界，因为这些菇类的子实层或是密生针扎般的菌孔，或是布满大如蜂窝的菌孔，或是密生一根根的齿针，或是冒出许多瘤状物，有的却又光滑细致，无褶也无孔。

非褶菌类部位名称

蜂窝状菌孔

角状菌孔

角圆形菌孔

齿针状子实层

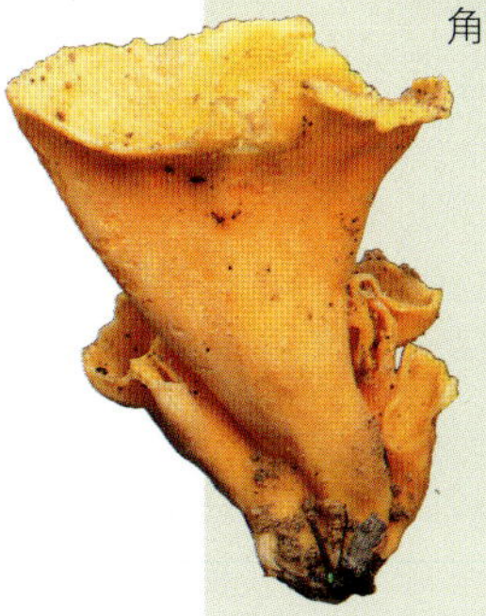

光滑状子实层

褶棱状子实层

褶状子实层

腹菌类部位名称

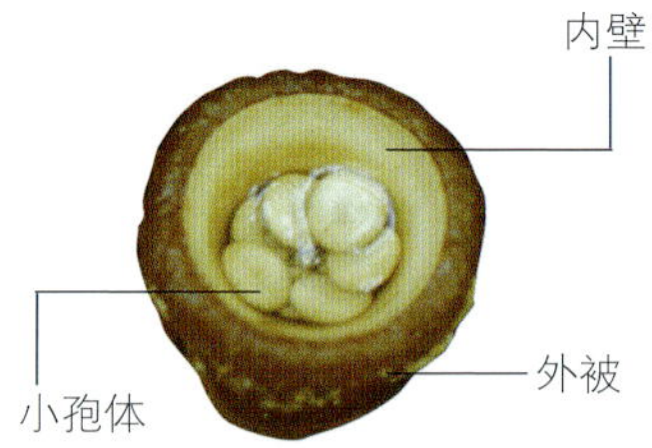

〔鸟巢菌科〕

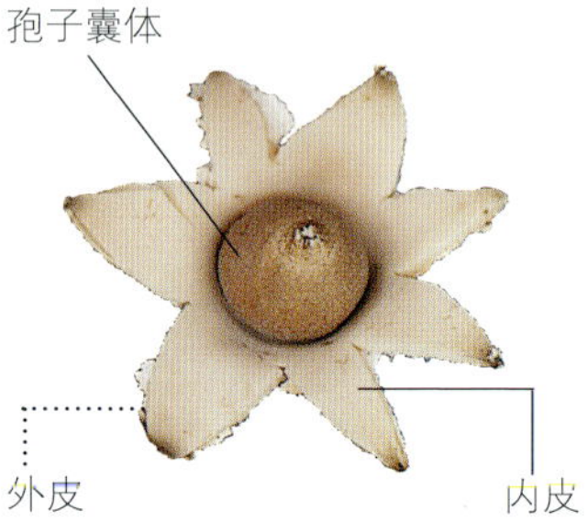

〔地星科〕

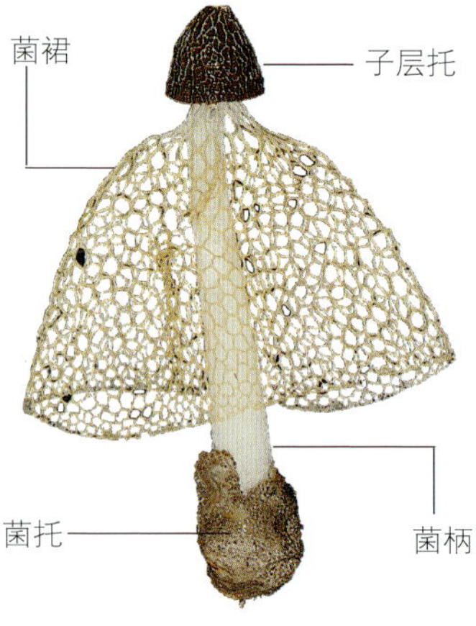

〔鬼笔科〕

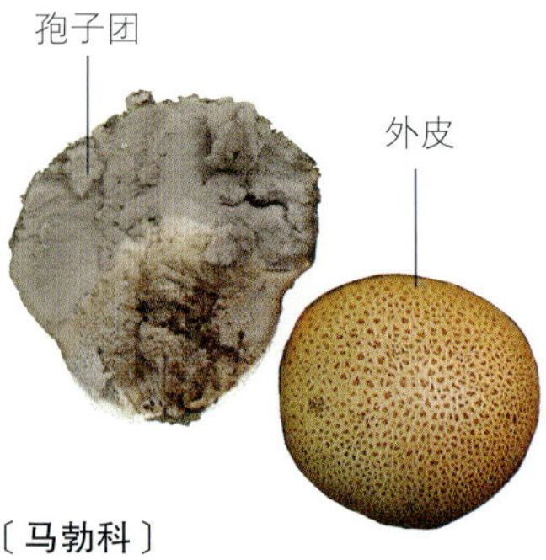

〔马勃科〕

腹菌类

腹菌类包括鸟巢目、马勃目、硬皮马勃目、鬼笔目等，它们虽同属大型担子菌，不过和褶菌类、非褶菌类和胶质菌类相比，后3类的子实层皆裸露在外，当担孢子成熟时，可以将孢子直接释放出来，属于层菌类。而腹菌类的子实层却包裹在“腹部”般的菇体内，所以一旦担孢子成熟后，菇体便会自动破裂，将孢子释出，因而得名。腹菌类也因为繁殖方式不同，造型上和一般野菇相比，显得更加精彩。虽然它们初生时多呈球状，不过一旦等到菇体开裂之后，星裂状、笔状、鸟巢状等造型应有尽有。此外，这类野菇除了较常于地面上生长外，有些也长在地底下。一般常见熟知的腹菌类有马勃、地星、鸟巢菌及长裙竹荪等。

鬼笔科菇类未成熟时，包裹于球状保护膜内，故被归为腹菌类

腹菌类初生时多呈球形或蛋形，内部包覆着许多孢子

胶质菌类

胶质菌类包括木耳目、银耳目、花耳目，其主要特征为菇体软质有弹性，且潮湿时呈胶质状，所以也有人称它们为“果冻菌类”。在显微镜下观察胶质菌，可发现它们的担子形状较特殊。原来和所谓的同担子菌（包括褶菌和非褶菌类）相比，胶质菌类的担子多了一些横隔或纵隔，而且着生于担子上的担孢子，也常可发芽形成分生孢子；而同担子菌的担子则不见分隔，多呈棍棒状，且担孢子发芽后仅形成菌丝，因此胶质菌类也被称为“异担子菌类”。一般人们印象中的胶质菌类有木耳、银耳等。

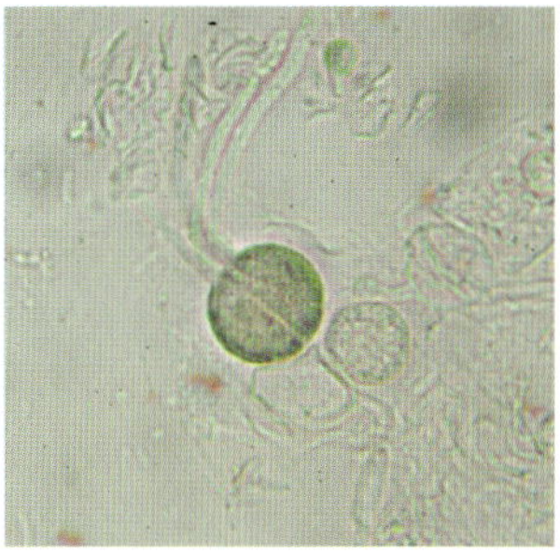

⇧担子具横隔的异担子菌

■胶质菌类部位名称

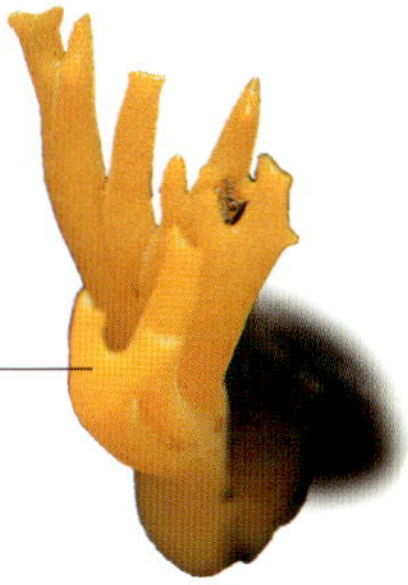

〔花耳科〕

〔银耳科〕

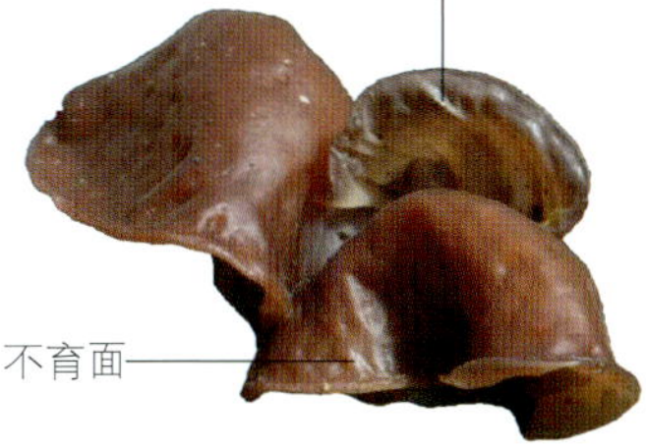

〔木耳科〕

子囊菌类

子囊菌类包括有柔膜菌目、盘菌目、肉座菌目及炭角菌目等，它们的体型大小不一，有的小到眼睛看不见，有的大至几厘米；而外观形态更是多样，最常见的为小盘状，其他还有球状、棍棒状及羊肚状等。一般熟知的子囊菌类有炭角菌、盘菌、冬虫夏草、块菇及羊肚菌等。

■子囊菌类部位名称

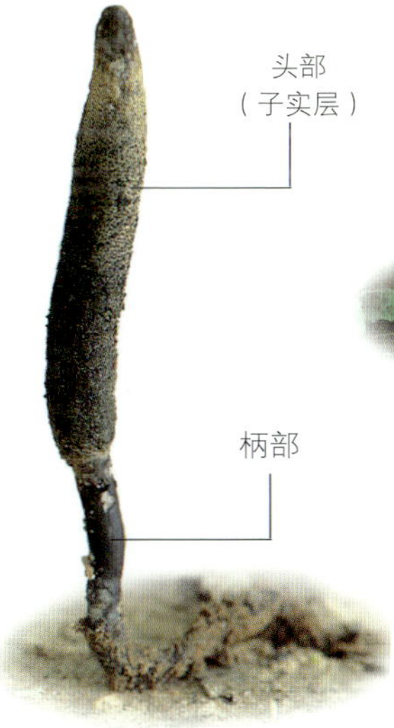

〔炭角菌科〕

〔羊肚菌科〕

〔柔膜菌科〕

显微镜下的奥秘

想认清菇类真正的身份，光凭外观很容易弄错。放到显微镜仔细观察微细特征，可是进一步认识野菇的必要途径！将一个个外观近似的野菇制成一小块切片，在显微镜下放大 400 ～ 600 倍之后，它们便逐渐现出了原形。下面就让我们从子囊菌和担子菌这两大群开始，依序揭开它们在显微镜下的奥秘吧！

孩童的聚宝盒：子囊菌

观察显微镜下子囊菌的子实层，就像一个个孩童珍爱的聚宝盒，有着形状各异的子囊构造。而子囊内部的子囊孢子就是野菇孕育后代的依靠。

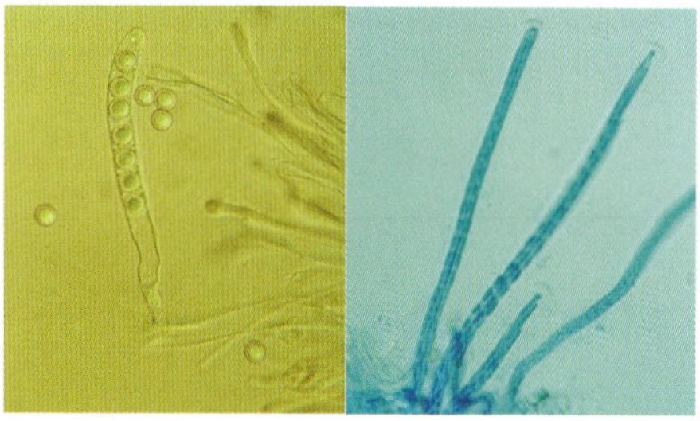

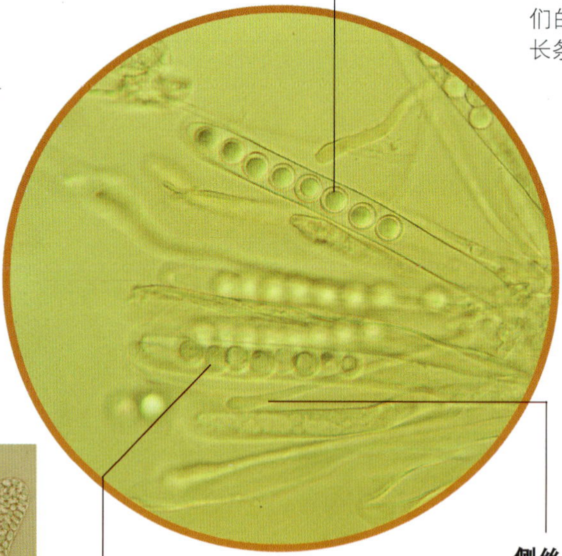

▷放大 200 倍的子囊菌产孢结构

子囊：子囊就像女人的子宫般，扮演着孕育子囊孢子的重要角色，它们的形状从圆到扁到细长条状都有

侧丝：间杂于子囊间的侧丝，它们的形态也是重要的分类依据。虽然这些侧丝不具孕育孢子的功用，不过它们可是最好的隔板，让子囊不会层层相叠，有助于子囊将孢子散播出去

子囊孢子：每个子囊内均含有一定数目的子囊孢子。因为子囊孢子的分裂方式属于减数分裂，所以每个子囊里的孢子数目必定是 2 的倍数，最常见为 8 个，最多可达 256 个。此外，这些子囊孢子无论形状、颜色、质地或排列方式都很多样，这也是观察子囊菌不容错过的重头戏

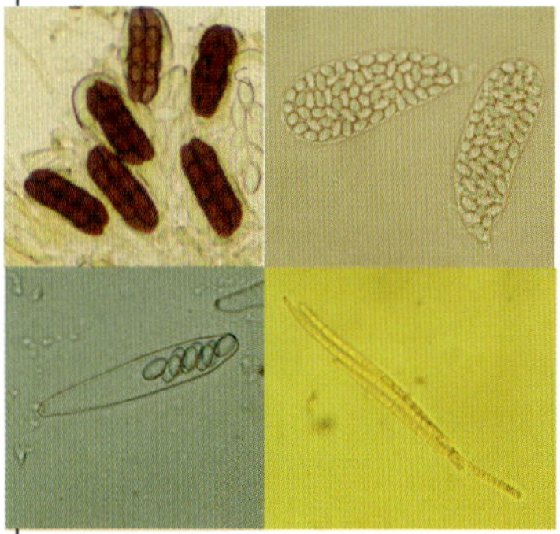

肩挑重担的挑夫：担子菌

观察显微镜下担子菌的子实层，棍棒状的担子就像挑夫似的，用一个个的担子柄挑着担孢子，而这些担孢子的形状、大小、颜色和花纹都是真菌进行菌类分类的重要依据。

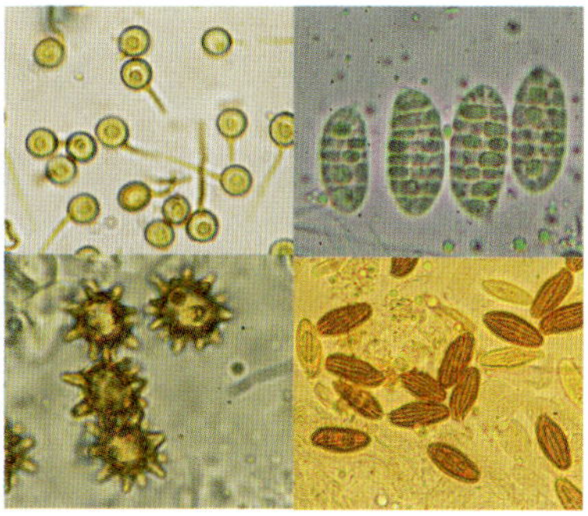

担孢子：通常担子菌1个担子上可见4个担子柄，而每个担子柄上长有1个担孢子，此类担子菌称为四孢型担子菌。不过偶尔可以发现有些担子菌仅具2个担子柄，称为二孢型担子菌。这些着生于担子柄上的担孢子不仅外形多变，而且表面的质地也有很微妙的差异

担子菌菇体

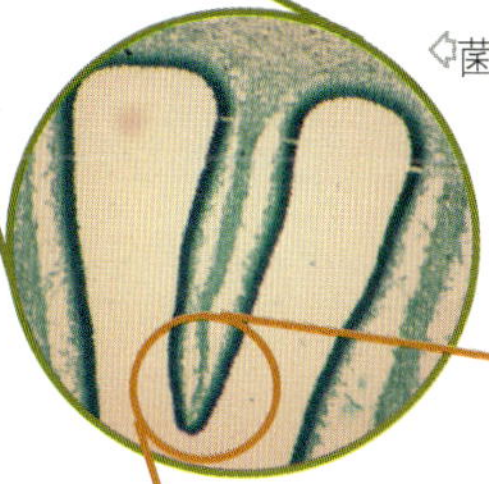

菌褶切片

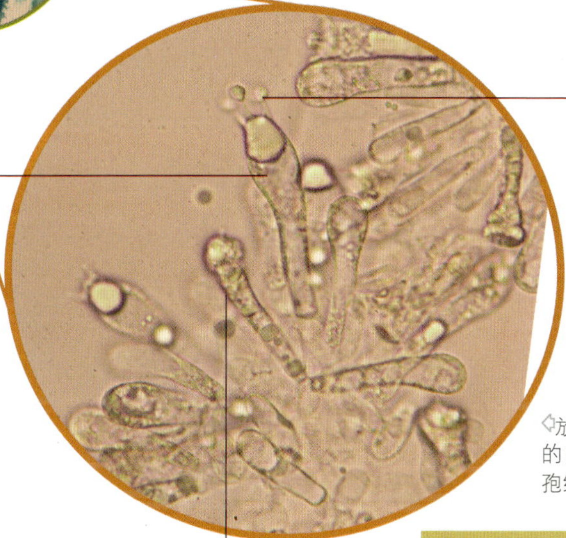

放大600倍的担子菌产孢结构

担子：除了胶质菌类（异担子菌类）外，所有担子菌的担子都不见隔膜，一般呈棍棒状。然而，异担子菌类的担子则变化较多，其中木耳目的有可见横隔，银耳目的则有纵隔，花耳目的形如叉状更是特别

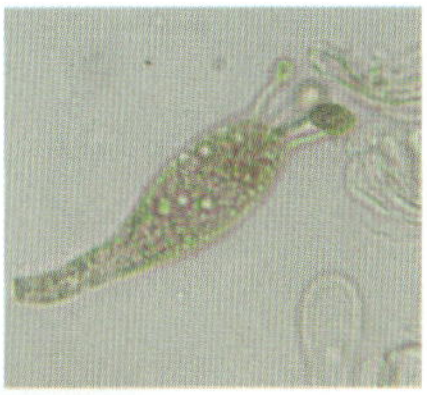

同担子菌的棍棒状担子

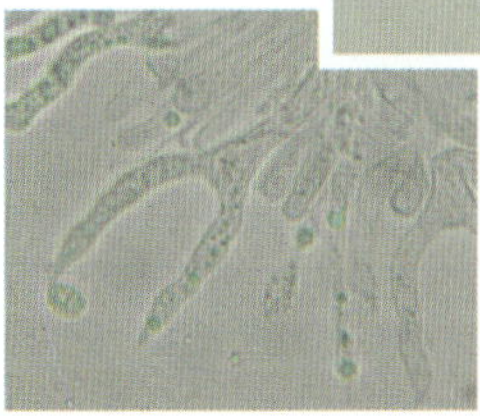

异担子菌的叉状担子

囊状体：一个个的担子之间有着许多形状各异的囊状结构，称之为“囊状体”，它们可是分辨菇种的重要依据之一。到底囊状体有何作用？有种说法是，它们虽不担负生产孢子的重责大任，不过由于囊状体通常都比担子长且粗，可将菌褶整个撑开，所以有助于孢子从菌褶上散播出去

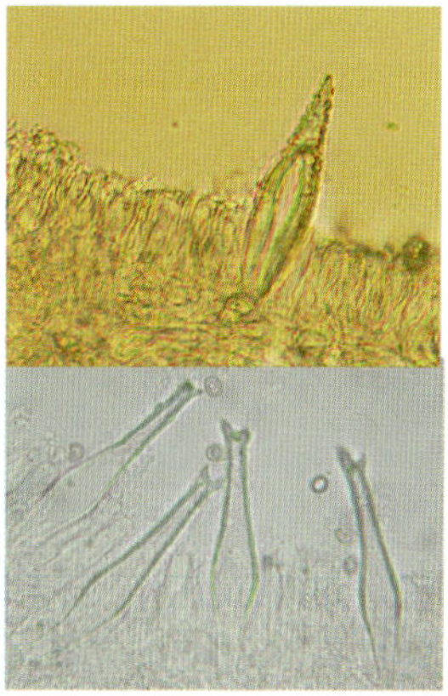

菇的身世

到底谁是菇类的始祖？是动物吗？不像不像，菇类连动也不动一下，而且细胞上还具有植物特有的细胞壁结构。那菇类是开花植物吗？可是菇类既不开花也不结果。是蕨类、苔藓这些低等植物的近亲吗？仔细瞧瞧，菇类身上并不具可进行光合作用的叶绿体。菇类究竟从何演化而来？且让我们溯源至菇类所属的真菌界来看看吧！

起源与演化

真菌在地球上存在多长时间至今仍是个谜，主要是因为真菌的个体微细，化石上的证据非常缺乏，因此对于真菌的起源还没有确切的结论。近 30 年来，科学技术的发展和新的分子生物技术的广泛应用，为真菌起源与演化学说提供了依据。

目前认为真菌演化的主轴路线为：鞭毛生物→壶菌（水生真菌）→接合菌（陆生真菌）→子囊菌→担子菌。也就是说，水生真菌应是大型真菌（菇类）演化的原始型，演化的过程是由水生到陆生，但在漫长的演化过程中也有可能返回水生的习性。下面就来看看菇类是如何从显微镜下才能看得清楚的原始鞭毛生物，一路演化

演化阶段 1

真菌的共同祖先

一般认为真菌生物起源于一种原始水生生物——鞭毛单细胞生物，它们具 1 至数根可供游动的鞭毛，有些种类的体内具有叶绿素和其他色素，有些则无色素。

演化阶段 2

水生真菌现身

那些具有色素的原始鞭毛生物之后逐渐演化为低等藻类，接着更演化出高等藻类，甚至蕨类、种子植物等生物。而不具色素的原始鞭毛生物则逐渐演化为壶菌这种低等真菌，此类真菌大多会产生具有鞭毛的游走孢子，适合水生，所以又称“水生真菌”。综合以上可知藻类和真菌的演化是平行的，两者起源的时期十分相近。目前古生物学家从化石中发现，6 亿年前的海洋中，有壶菌类真菌与藻类共生的情形。

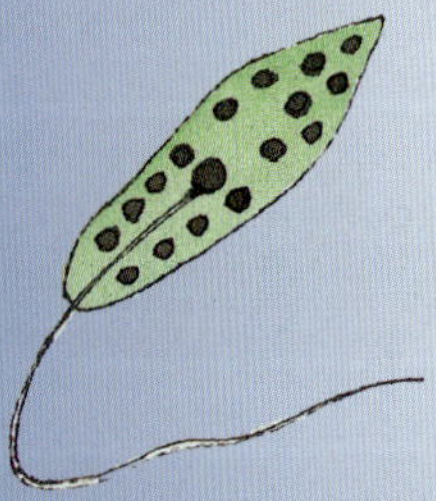

有色素的鞭毛单细胞生物

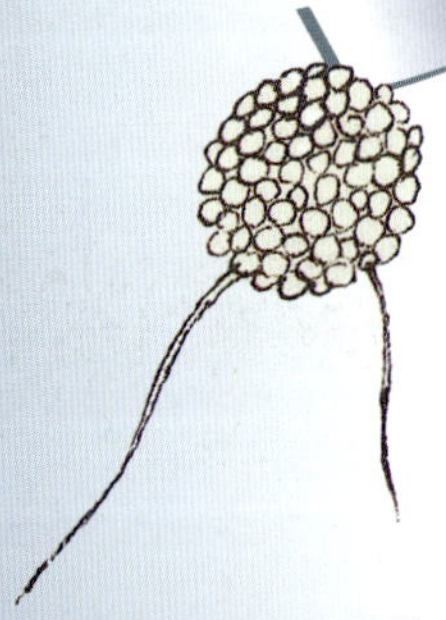

无色素的鞭毛单细胞生物

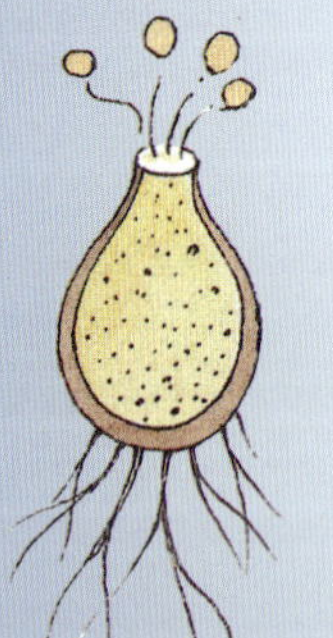

壶菌类产生的孢子具有鞭毛

至今，并长成有巨大子实体的菇体。

演化阶段 3

真菌上陆了

接着低等真菌中开始演化出少数不产生游走孢子的接合菌，此类真菌多数为陆生。因而接合菌被认定是从水生（低等）真菌演化至陆生（高等）真菌的一种原始型陆生真菌。生活中，久置的食物如豆腐、年糕、莲雾等表面常见的毛霉，便是此类真菌的代表之一。

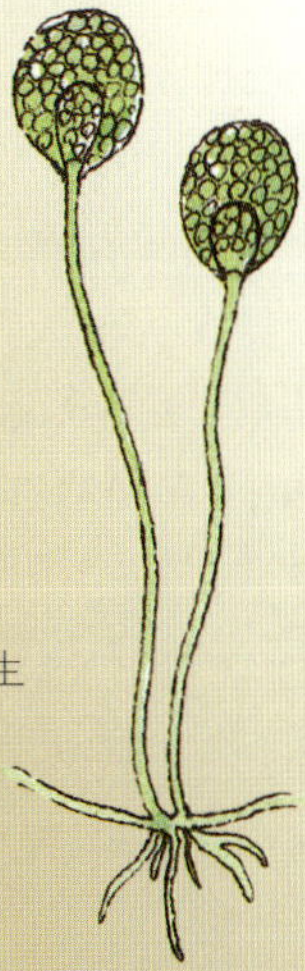

接合菌为陆生真菌的原始型

演化阶段 4

大型真菌上场

最后从陆生的低等真菌中再逐步演化出高等真菌——以子囊菌和担子菌为主，它们属于陆生真菌，仅适合陆地环境，而担子菌可说是所有真菌生物中最高等的一群。目前，真菌仍在继续演化中，例如与腐生性菇类相比，寄生性菇类的营生方式更为专一化、进步，而其中又以具专一宿主的大型寄生菇类的进化程度最大。

子囊菌

担子菌

专门寄生在紫杉木上的齿菌属于较为高等的大型真菌

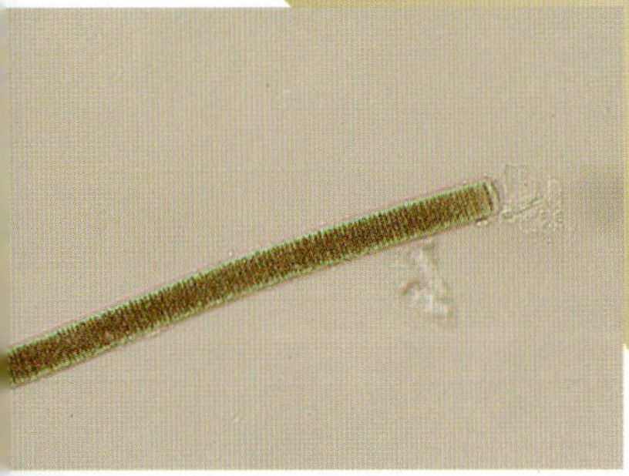

与真菌平行演化的藻类生物

豆腐上常见的毛霉属于接合菌的一种

菇的一生

菇类孕育的孢子就像高等植物的种子，它们以这个微小的孢子作为开端，展开生生不息的生命旅程。一般种子发芽会形成植株，植株长大后开花结果，孕育更多的种子。相对的，菇类的孢子发芽则形成菌丝，菌丝集结成菌丝体，时机成熟时，菌丝体便发展出明显可见的菇体，孕育更多的孢子，就这样不停地循环下去……现在让我们跟着微小的孢子，来认识菇类成长的完整过程！

菇的生活史

菇的生活史主要可分为有性生殖和无性生殖两个阶段。所谓无性生殖阶段并不会出现明显的菇体，仅靠着菌丝在腐木内或地底下默默地增殖扩张，可说是隐而不见的一段生长过程。这个阶段占了菇类生活史很长一段时间，一直等到环境条件适合时，它们才会进入所谓的有性生殖阶段。

而有性生殖阶段通常可见明显菇体冒出，最后则以孕育出有性孢子（即担孢子和子囊孢子）作为完美的句点。之后散出的孢子发芽生长后，继续菇类永无止境的生命循环。

1 孢子发芽期

找到合适生长基质的有性孢子，开始发芽形成菌丝。在整个菇类的生活史中，菌丝属于配子体，也就是每一个细胞核中仅具有单套染色体（N）。

2 开疆辟土期

发芽形成的菌丝靠着不断增殖形成了所谓的菌丝体，并借此来扩张疆土。有些野菇的菌丝还会形成“无性孢子”（分生孢子），之后再通过这些无性孢子的散

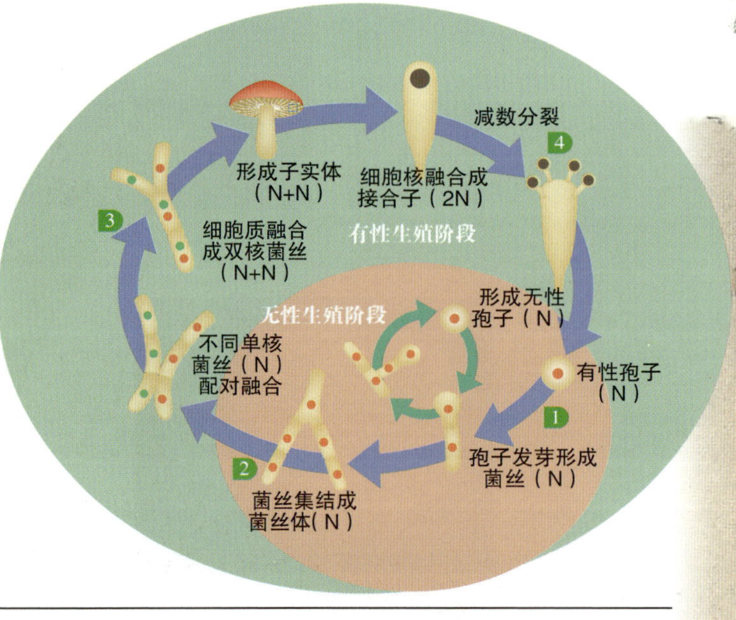

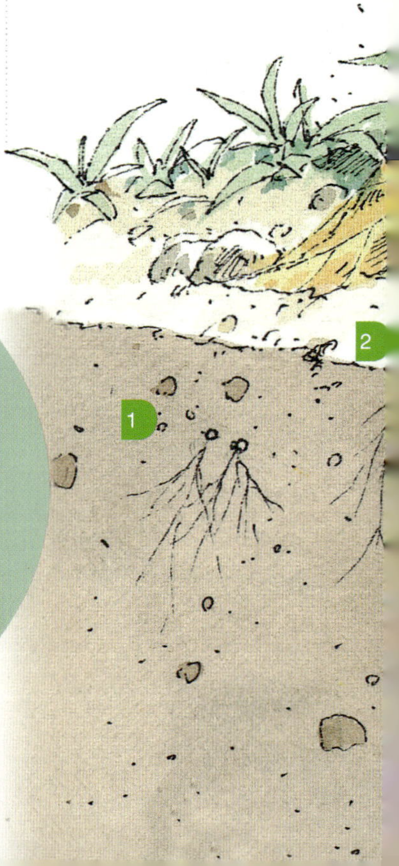

播、发芽形成菌丝，让同群菌丝生长的范围更大。

3 菇体冒出期

茁壮成长的菌丝，若是遇到合适的环境条件，来自不同孢子的同种菌丝，彼此便会擦出爱的火花，配对融合为双核菌丝（N+N），但其每一个细胞核仍维持单套染色体（N）。接下来这个双核菌丝便会快速增殖形成子实体（N+N），也就是所谓发菇了。

4 孕育孢子期

菇体逐渐成熟后，在所谓的产孢组织（子实层）上便会形成担子或子囊。这时担子中原本具有的双细胞核会融合成双倍体细胞核（称为 2N，接合子），之后经由两次减数分裂，孕育出仅具单倍体细胞核的有性孢子（N）。担子菌在子实层的担子上孕育出担孢子，而子囊菌则在子囊内孕育出子囊孢子，接下来将这些孢子散出传播，继续繁衍下一代了。

孢子的保护与传播

若说子实体是菇类孕育孢子的摇篮，那么子实层便是孢子着床的位置。子实层最终必须暴露在外，以利于孢子的飞散传播。只是菇类为了避免孢子直接受到阳光和雨水的冲击，同时还要兼顾孢子顺利传播，因而演化出各式各样的菇体形状，以及孢子传播的方式。

菇体设计大不同

以子囊菌类来说，其子囊孢子均包埋于子囊内受到很好的保护，所以它们的子囊大多长在菇体表面，方便孢子顺利散到空气中。有些子囊的壁层为原始壁，壁薄，当菇体成熟后，壁层便直接破裂释放孢子；有些壁层为单层壁，子囊的内层和外层紧密结合，孢子成熟时，自顶端的孔口、裂缝或盖子处开裂而释放；另外还有些更高等的子囊菌，其子囊具双层壁，孢子成熟时，内层吸水膨胀至原来长度的 2 倍以上，外层顶部崩解，内层以孔口开裂，孢子则自孔口散出。

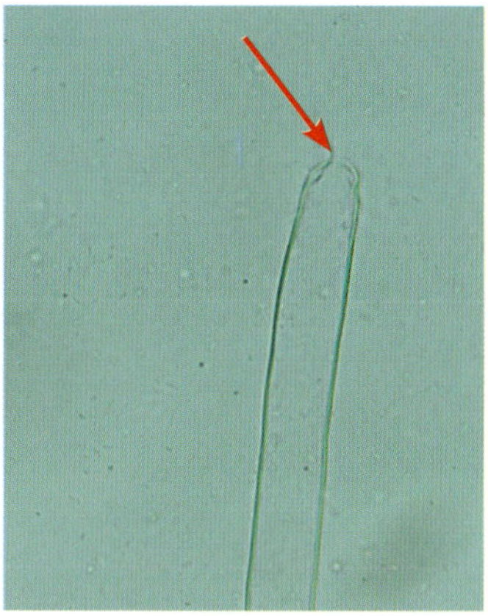
有些子囊菌的子囊上方有盖子，孢子成熟后即打开散出孢子

盘状子囊菌的子实层散布于菇体的上表面

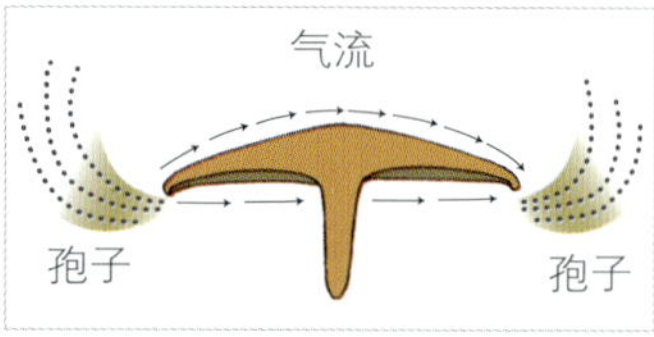

设计如机翼的担子菌菇体，有助于孢子传播到更远的地方

再来说说担子菌。腹菌类的孢子包裹于菇体内受到保护，等到成熟后再由表面的裂口散出。其他多数的担子菌，因孢子直接长在担子柄的表面，与空气直接接触，虽然方便释放，却少了一层保护，所以它们的子实层大都生长在向地的一面或侧面。此外，多数担子菌的菌盖形状就像流线型的飞机翼。这样当气流从菌盖上方通过时，上面会产生快速的气流，下面的气流速度则较慢，因此产生向上推挤的压力，将散出的孢子吸引上去。如此一来，轻盈的孢子便不会只掉落在附近的地表，而有机会往更远的地方散播出去，避免了近亲交配的问题，让其子孙能更加绵延不绝。

孢子传播大不同

孢子成熟之后，大多数的担子菌或子囊菌会借助压力将孢子主动弹射出去，如杯状或盘状的子囊菌，其子囊内除子囊孢子外，还充满着如羊水般的液体，所以一旦孢子成熟，子囊内的液压便可让孢子瞬间成群自动射出，因此可以看到菇体上方出现雾状的孢子云。

此外有些菇类的孢子则是以被动的方式，借助风、水、昆虫及其他动物传播到很远的地方，如靠风雨传播孢子（多数褶菌类野菇），或是孢子本身带有黏液可以附着在昆虫体表（如鬼笔科），或是菇体本身散发特殊气味吸引动物咬食（如香菇）等，这些传播的方式，对于野菇领土的扩张相当重要。

以臭味吸引苍蝇，帮助传播孢子的鬼笔科菇类

马勃科孢子传播的过程

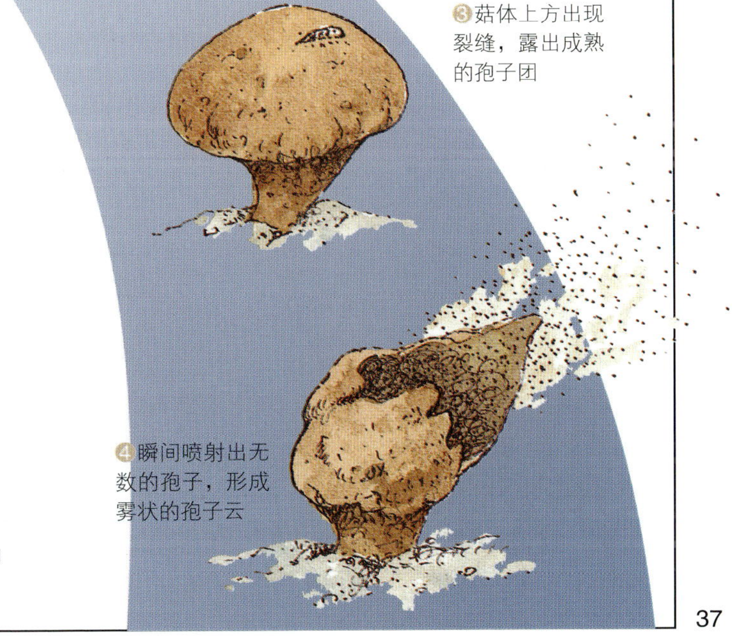

❶初生的马勃全株颜色较淡

❷成熟后菇体颜色开始转深

❸菇体上方出现裂缝，露出成熟的孢子团

❹瞬间喷射出无数的孢子，形成雾状的孢子云

以香气吸引生物咬食，借以传播孢子的香菇

野菇的生存绝招

对地球来说，野菇就像清道夫，它们扮演着分解者的角色，努力将地球上的碎屑、尸体从大分子分解成小分子，让那些累积其间的有用分子，回归到大自然中再度被利用，且不再占用地球的有限空间。不过这些小小清道夫，到底施了什么魔法，可以让大小是它们数倍，甚至数百倍的有机物消失不见呢？

三大营生模式

原来各种野菇成员在扮演分解者角色时，与其获取养分来源的生长基质建立了3类互动营生模式：腐生、寄生、共生。这3类模式很难加以清楚划分，也就是说有些真菌只具一种营生模式，有些真菌却兼具两种。目前菇类的营生模式可说是动态的，它只是反映出过去长期演化和适应的结果，且要从一种模式转变为另一种，是需要漫长的岁月和环境的诱导。

模式1 化腐朽为神奇的腐生

腐生性野菇仅生长在没有生命的有机质上，它们和其他小型真菌及细菌组成了地球清洁队，是让地球资源回收利用的一支主力部队。

森林中的腐生性野菇如以栖所来分，可以分成两大类，即木生性与非木生性。木生性野菇主要分解利用木材的纤维素和木质素，作为生长的营养来源，学术上称之为“木材腐朽菌”。大部分的木材腐朽菌仅利用树木死的组织（木材），但也有些木材腐朽菌具有弱病原性，当树木的生理机能较为衰弱时，便进一步危害活的组织，如灵芝、乌芝，而这些兼具病原性的野菇又被称为“兼性寄生菌”。

寄生于枫香上的灵芝，属于兼性寄生菌

此外，根据木材腐朽菌利用木材成分的类别，又可细分成两类。一类为“木材白色腐朽菌”，它们分解利用木材的木质素和纤维素。然而木材原本就是因为含有木质素才呈黄褐色，因此当木质素被分解利用后，木材便褪色或变成白色，于是这类腐朽菌就被简称为“木材

这种小皮伞属菇类为利用土壤养分的土栖腐生菌

簇生沿丝伞为常见的一种木生性腐生菌

白腐菌”。

另一类木材褐色腐朽菌则只能分解利用木材的纤维素，留下木质素，因此经它们腐蚀过的木材并不会褪色而仍呈黄褐色，于是被简称为“木材褐腐菌”。

至于非木生性野菇，指的是那些腐生于非木材类基质上的菇类，主要靠分解如动物尸体及其排泄物、植物的枯枝落叶、土壤内的腐殖质等，吸收其中的养分。森林中或草地上的软菇多属此类，而在动物排泄物上常可发现的大型担子菌或子囊盘菌也是其中一员。

常见于牛粪上的粪生鬼伞

模式2 忘恩负义的寄生

寄生性野菇可以侵入活的寄主体内，并对寄主造成不同程度的伤害。它们的寄主对象包括了树木、草本植物或动物等，有些甚至还会寄生在不同种的真菌上。常见的菌类有寄生在昆虫身上的冬虫夏草，或是寄生在树木上的有害木层孔菌。当然，大部分寄生性真菌也都具有腐生能力，也就是当它们把寄主生物杀死后，仍然利用其残体当养分，以完全利用剩余价值，这类真菌又称“兼性腐生菌”。但有些寄生性真菌却不是这样，当寄主生物死亡后，它们就无法继续在那里生活了，如寄生在玉米的一种异担子菌——玉米黑粉菌，这类真菌又称“专性寄生菌”。

寄生于昆虫虫蛹内的蛹虫草

模式3 知恩图报的共生

共生性野菇也可视为无害寄生性真菌，此因共生性野菇同样也会侵入活的寄主体内，从寄主身上获得养分。只是共生性野菇不会对寄主造成伤害，反倒有益于寄主，可说是野菇与寄主共同演化达成互利共生的好榜样。

共生性野菇绝大多数都是和植物的根部形成共生关系，称之为“外生菌根菌”，如松茸、黑块菇、鸡油菌，以及大多数的牛肝菌科、鹅膏科和红菇科的成员等。

这些野菇可说是森林树木的守护神，它们的菌丝在树木根部的细胞间隙生长，没有直接深入细胞内，所以不会对植物根部的正常生理机能造成影响。从外观上看，一般有外生菌根菌生长的根部布满了菌丝且较为肥大，我们称这类根部为“菌根”。由于菌根较为肥大，且菌丝向外延伸扩展，增加根部的表面积，因此吸收土壤水分及养分的能力也较强；此外，树根因有菌根菌的保护，其他病原菌较不容易侵入，而且还能帮助植物抵抗不良环境，例如干旱，对树木来说可谓好处多多。另一方面对这些菌根菌来说，则可以共享树木光合作用所制造的碳水化合物，两者相互依存，形成一种互益共生的密切关系。

鹅膏科菇类多为与树木根部共生的外生菌根菌

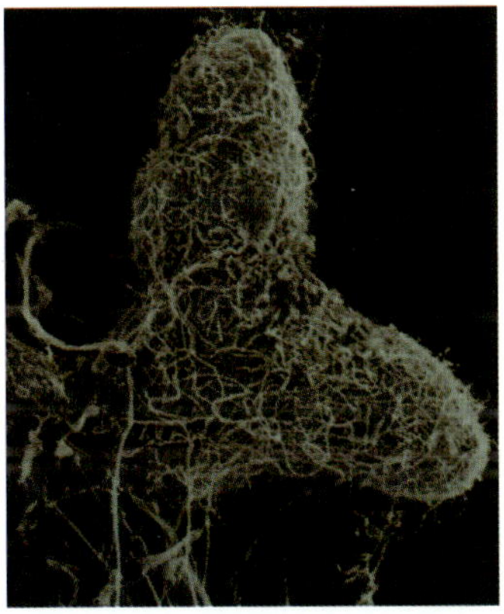

与菇类菌丝共生的植物根部较一般肥大

壳斗科树木附近的林地上常可发现模样美丽的共生性野菇

外生菌根菌＝人间美味？

为什么十有八九的珍贵食用菇，如鸡油菌、松茸、美味牛肝菌、羊肚菌或黑块菇，皆是外生菌根菌？天赋异禀的好滋味固然是胜出之道，不过最主要还是因为它们始终无法人工栽培，物以稀为贵，自然价格就居高不下了。例如栽培松茸，首先要有接种源（培养菌丝体或孢子）、活的松树林或松苗及适合生育地，再来便要确保接种成功，而自然界还有许多菌类会与之竞争，最后很难控制发菇的状况。直至今日，日本已对此栽培技术研究数十年，还是没办法获得成功。

属于外生菌根菌的兄弟牛肝菌，是老食客眼中的珍馐

菇与人

自古以来，野菇鲜美的滋味，丰富的营养，以及神奇的疗效，始终在人们口耳之间不断流传。不过，误食中毒、让人闻之色变的报道，以及让农民、林业人员头痛的植物病害等，却也都是它们的杰作！近年来人们对菇的特性越来越了解，更加认识到菇对我们而言，其实是益处多于坏处的。下面就一起来看看，菇和我们之间亦敌亦友的奇妙关系吧！

可食的菇类

菇类在饮食上的利用，我国可谓始祖之一，早在战国时期的《列子》《吕氏春秋》等文献中，就有关于菇类栽培与食用的记载。之后南宋淳祐五年（公元1245年）陈仁玉所撰的《菌谱》一书，是中国第一部菇类的专书。

近年来由于人们对菇类栽培的技术有了长足的了解与掌握，因此市面上食用菇的种类越来越多，价格也就越来越亲民，例如以往被列为珍品的香菇、白木耳等，现在已经进入寻常百姓家中。

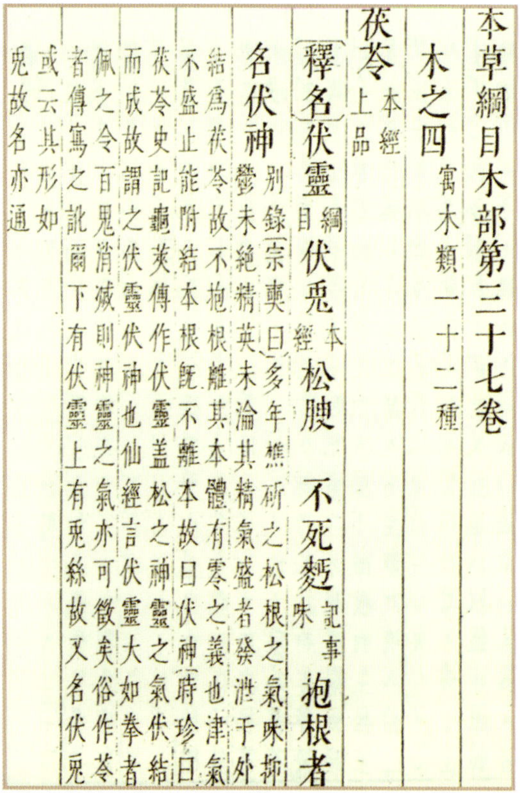

本草綱目木部第三十七卷

木之四 寓木類一十二種

茯苓 本經上品

釋名 伏靈 綱目 伏兎 本經 松腴 不死麪 記事 抱根者名伏神 別錄 宗奭曰 多年樵斫之松根之氣味抑鬱未絕精英未淪其精氣盛者發泄于外結爲茯苓故不抱根離其本體有零之義也津氣不盛止能附結本根既不離本故曰伏神 時珍曰 茯苓史記龜筴傳作伏靈蓋松之神靈之氣伏結而成故謂之伏靈伏神也仙經言伏靈大如拳者佩之令百鬼消滅則神靈之氣亦可徵矣俗作苓者傳寫之訛爾下有伏靈上有兎絲故又名伏兎或云其形如兎故名亦通

《本草纲目》内有相当丰富的药用菇类记载

不过，目前仍有一些食用菇因属于外生菌根菌，必须在自然环境适合时才能采集到，因此产量少，价格相当高，例如法国料理中的松露（黑块菇）便是相当珍贵的食材。

灵芝具有增强免疫力之保健效果

药用的菇类

除了饮食上的应用外，菇类在药用或保健上的益处也是有目共睹的。许多东方国家，如中国、日本、韩国等，自古便流传着许多菇类的神奇疗效，而明代李时珍所著的药典《本草纲目》中，更是详载了20多种具有药用价值的菇类。直到现代医学技术的进步，才逐步证实这些古老的记载中有些的确具有科学上的根据。所以现今西方国家的民众，也逐渐接受这类知识了。

市面上常见的药用菇包括灵芝、茯苓、冬虫夏草、牛樟芝等。除了以上提到的药用菇类外，目前人类也积极开发菇类在生物科技上的应用，尤其它们在医药方面的潜力更是无限。这是因为在生物界中，真菌（或菇类）的二次代谢产物（或称次级代谢物）是最丰富且多样的，而二次代谢产物则是药物筛选的重要来源（如多孔菌科的牛樟芝便含有抗发炎的樟菇酸 A、B、C 及 K）。

模样看似好吃的绿褶菇，却是会让人肠胃不适的毒菇

有毒的菇类

一般称有毒的菇类为“毒菇”，而英文则以“toadstool”表示，其中“toad”意指癞蛤蟆，“stool”为凳子，也就是形容这些如凳子般的野菇污秽不好吃。没错，毒菇真的就像癞蛤蟆，总让人心生恐惧，不敢亲近。不过你知道吗？毒菇的种类并不算多，目前中国已发现的毒菇共有 100 多种，其中仅有 10余种会引起严重中毒。只是毒菇形态多样，不易从外观特征分辨，人们对野菇总还存有疑虑。在中国最常见毒菇为绿褶菇，其他如鹅膏科中的鳞柄白鹅膏也是赫赫有名。

植物病害菌

一般野菇对植物造成的威胁，多半只是使一些多年生的木本树木腐朽，仅有少数具病原性，如灵芝、蜜环菌等，它们会让活树的根部及树干基部腐烂枯死，即所谓的根茎腐病。

不过，也有少数的野菇会造成农作物的大量损失，其中最有名的就是蔬果常见的菌核病，而子囊菌中的核盘菌就是引发此种病害的元凶。

天然染料菇类

国外利用菇类染色的手工艺已发展多年，最有名的就是将彩色豆马勃制成黄色染料用以染制布料。此外球盖菇科的簇生沿丝伞、齿菌科的翘鳞肉齿菌、口蘑科的黑毛桩菇、多孔菌科的栗褐暗孔菌，也都有着不错的染色效果。

以彩色豆马勃染色的作品

相遇篇

到野外去，你遇见了花，
遇见了树，遇见了小鸟，遇见了昆虫，
你甚至还遇见一身朴素，
却别具风华的蕨类！
不过，在那当中，
还躲藏着小精灵般，
玲珑多姿的野菇。
你，遇见了吗？

野菇在哪里

枯木、草地、大树枝干……这些都是一般人所熟知的野菇住所。不过，你可能不知道，有些野菇还会住在球果、麦穗或果实上，有些“逐臭之夫”则以动物的排泄物或尸体为家，还有些甚至借住在蚁巢里！是不是相当奇特、不可思议呢？以下介绍数种野菇生长的小环境，下次外出赏菇时，别忘了到这些地方细细寻觅，也许就有意想不到的惊喜正等着你！

木头上的野菇

别小看木头上的野菇，它们可是地球上唯一可以分解和利用木材纤维素与木质素的微生物。自然界的木生性野菇多达6000种以上，其中多数属于非褶菌类，少数属于褶菌、胶质菌和子囊菌类，而具代表性的木生性野菇家族有灵芝科、多孔菌科、刺革菌科、侧耳科、木耳科、肉杯菌科等。

这些木生性野菇专以木材为生长基质，从活树的树干基部或根部、活树上的腐干，到地上的枯倒木及残留树头，都是它们可能的住所。

大多数的木生性野菇属于“木栖腐生菌”，它们仅腐生在枯木上，对活树并不具太大的伤害。不过那些生长在活树树干基部或根部的木生性野菇，则常具病原性，被称为“木栖寄生菌”，它们会让寄主树木生命力变弱，并腐朽其木材组织，一旦遇外力，如地震和强风，寄主树木便容易倒伏，需十分小心。

森林内的腐木，是寻木生性野菇最佳的指引

林地上的野菇

除了腐木外，林地也是常见的野菇住所。这些直接从林地上冒出的野菇，属于“土生性野菇”，一般指的是那些以分解土壤和地表腐殖质、吸取其中养分的“土栖腐生菌”，其中多数属于褶菌类与腹菌类，而具代表性的野菇家族有伞菌科、马勃科等。

不过，从林地里冒出的还有另外一群独特的野菇，它们的菌丝体会与附近的树木根部共生形成菌根，被称为“土栖共生菌”，也就是所谓的“外生菌根菌”。这类野菇种类众多，其中以牛肝菌科、红菇科、鹅膏科、鸡油菌科的野菇最具代表性。

草地上的野菇

人们一般都以为野菇喜欢躲在阴暗角落里安静地生长着，其实野菇世界里还是有些成员非常喜欢露脸，它们通常在广阔的草地上，或单株冒出，或成群出现；有些甚至还环生呈菌轮或仙女环状，十分显眼呢！它们和林地上的野菇同属土生性野菇，而且多为“土栖腐生菌”，种类也不算少，主要包括了口蘑科、环柄菇科、伞菌科的一些成员，其中最有名的莫过于美味可口的蘑菇和毒菇状元绿褶菇了。

蘑菇为草生野菇的代表种之一

动物身上的野菇

有些野菇的出现和动物的活动范围息息相关，其中以寄生在昆虫身上或与昆虫的栖所有密切联系的野菇最为常见。这些野菇有些对昆虫具有病原性，也就是可以引起昆虫生病，最后导致昆虫死亡，属于“虫栖寄生菌”，其中以蛹虫草较具代表性。当然，这些奇特的野菇之中也有一些是与昆虫互利共生的种类，它们对昆虫来说非但不具病原性，而且和昆虫还有着共存共亡的微妙关系；其中以鸡枞和小鸡枞最具代表性，它们是常见于蚁巢上的可食性野菇，属于“土栖共生菌”。

看到鸡枞，便可推论下方 30cm 左右，必有一个蚁巢存在

粪便上的野菇

通常在一些草食性动物的粪便或以粪便为堆肥的泥土表面，有时可以发现一些以粪为家的野菇。这是因为草食性动物的粪便中含有较多纤维素及其他可供菌丝生长的有机物，因此吸引了这群独特的住客进驻，它们被称为“粪栖腐生菌”。它们的种类并不多，散见于褶菌类及子囊菌类，如鬼伞科、粪伞科及一些粪盘菌科野菇等。

这种可爱的球盖菇属菇类属于粪栖腐生种类

其他住所上的野菇

有些野菇的住所相当与众不同，它们有的喜欢生长在植物的果实里，吸收其中丰富的营养物质，如耳匙菌科和口蘑科中生长在针叶树球果的耳匙菌、小孢菌，以及核盘菌科中以桑椹为寄主的桑实杯盘菌。有的野菇则不以枯枝而以落叶为家，如口蘑科中的叶生小皮伞、毛状小皮伞、毛状小菇等，它们的个头通常不大，若不是成群从腐叶上冒出，很容易被人忽略。

叶片上的毛状小皮伞常成群出现，看似叶子长毛般

赏菇好时机

认识了野菇的生长环境，接着还得摸准出菇时间，这样赏菇之旅才不会趁兴而出，无功而返！其实赏菇就像赏花，说到了赏菇的时机，只要依循每种野菇的出菇规律，在最对的季节，选择适合的地点，并配合适当的温度和湿度条件，相信每趟出外赏菇定不会让你的期待落空。

要诀1 雨后天晴

所有野菇出菇，都需要一个共同的微气候环境因素，那就是较高的湿度，而且这样的湿度条件必须持续一星期以上才行。不过每种野菇对湿度条件的要求并不相同，一般而言，连续下雨过后的放晴日，正是赏菇的好时机。

想要欣赏温带种类野菇的风采，就得到凉爽的高山环境中寻觅

要诀2 温度适当

太冷或太热，都不适合野菇生长或出菇，所以温暖和煦的日子正是赏菇的好时机。不过每种野菇对于温度的要求差异很大，如马鞍菌科多为温带种类，喜于春至秋间凉爽的高山环境；而肉杯菌科成员则多为热带种类，喜于高温的夏、秋季节，出现在海拔较低的山区。而热带和亚热带交界地区气候温和，所以除了高山地区和冬季寒流期间温度较低，不利于出菇外，大部分时节均适合野菇的生长。

要诀3 春夏最宜

由于出菇需要较高的湿度，因此一年之中干湿季的变化与野菇的出现有着密切的关系。春、夏两季的降雨比秋、冬两季多，因此春、夏两季便是赏菇的好时机。而冬季，许多地区虽有东北季风带来丰沛的雨水，但因温度偏低，野菇出现的种类较少，所以不适于赏菇。

常见野菇的出菇时间

每种野菇因生长期长短不同，所以何时出菇有着相当大的差异。一般而言，多年生和一些优势的野菇出菇是没有季节性的，也就是说一年四季都可以看到它们的踪迹。需要在特定季节观察的野菇，则多为一年生。而且一年生的野菇生长期从一日生至数月生都有，若生长期越短，相对的观察期就越短，例如竹林里的长裙竹荪多在清晨出菇，不到一天就干枯倒地了。如果对某种一年生野菇情有独钟，就该精准地把控时间，这样才不会错失观察的时机。

以下列出一些常见的一年生野菇出菇时间，大家赏菇之前可以作为参考。

种名 月份	1	2	3	4	5	6	7	8	9	10	11	12	生长期
长裙竹荪			■	■	■	■	■	■	■				一日
侧耳	■	■	■	■					■	■	■	■	数日
香菇	■	■								■	■	■	数日
丛伞丝牛肝菌		■	■	■	■	■	■	■	■				数日
发光小菇			■	■	■	■							数日（夜间）
鸡枞					■	■	■	■	■	■			数日
灰鹅膏				■	■	■	■	■	■				数日
绿褶菇					■	■	■	■					数日
毒红菇					■	■	■	■					数日
网壁条孢牛肝菌									■	■	■		数日
混淆松塔牛肝菌			■	■	■	■	■	■	■	■			数日
肝色牛排菌			■	■	■				■	■	■		数日
硫色绚孔菌			■	■	■	■			■	■	■		数日
略薄多孔菌			■	■	■	■	■	■	■				数日
红硬双头孢菌					■	■	■	■	■	■	■		数日
爪哇肉盘菌				■	■	■	■	■	■	■			数日
长久集毛菌				■	■	■	■	■	■	■			数周
烟管菌				■	■	■	■	■	■	■	■		数周
粗毛拟革盖菌					■	■	■	■	■	■			数周
黄褐革盖菌					■	■	■	■	■	■	■		数周
毛蜂窝菌					■	■	■	■	■	■	■		数周
光轮层炭壳菌					■	■	■	■	■	■	■		数月
假芝					■	■	■	■	■	■			数月
灵芝				■	■	■	■	■	■	■			数月

野外赏菇去

来赏菇吧！不用跋涉千里，住家附近的公园与校园便是最好的去处。循着绿意用心搜寻，一路往海边、郊区，一直到人烟稀少的高山，都有机会与野菇相遇。有趣的是，随着海拔地区的变化，不同生态环境就像一个个野菇小社会，里面的野菇不尽相同，欢迎大家亲自来访，体会其中的奥妙。

地点1 校园与公园

此处的校园与公园环境，泛指生活中的小型树林及草地。这些环境多少经过人工的修饰。在这类环境中寻找野菇，可以先锁定大树及老树的根部与树干基部周围，那里常有木生性野菇生长，如灵芝；其次，可以往树上的枯干、地上的倒木或树头搜寻，也常会发现一些

腐干上的木耳是住家附近的野菇常客

木栖腐生性野菇生长，如木耳、簇生鬼伞、侧耳等；接着便可转移至四周富含腐殖质的盆栽、草地或树下，那里可能躲藏着许多可爱的软菇，如绯红齿湿伞、乳白锥盖伞、暗鳞环柄菇等。

此外，住家附近的牧场和竹林也是赏菇的绝佳地点，如牧场里的牛粪堆上，常可发现一些独特的粪栖性野菇，而竹林里的腐竹上，更是观察美丽的发光小菇、长裙竹荪等最好的去处！

盆栽也是发现、观察野菇的绝佳处

地点2 海岸防风林

海岸环境的树木种类少，加上风大导致湿度偏低，所以出现的野菇种类并不多。这些野菇多半以海岸防风林内的木麻黄和林投（露兜树）为家，且多属木栖寄生或木栖腐生性野菇。不过因为这些野菇多为硬菇，生存时间较长，因此容易被发现；其中又以生长在林投上、民间俗称“林投菇”的血红密孔菌最具代表性。除此之外，若在潮湿雨季时，偶尔可于防风林林地上发现一些软菇，如彩色豆马勃、布雷白环蘑等。

防风林林地上有时可以发现奇特的彩色豆马勃

颜色鲜红的血红密孔菌是防风林内的野菇常客

地点3 低海拔阔叶林

森林是陆地上最大的生态系统，更是野菇重要的栖息环境，森林内植被种类越多,野菇的种类也就越多。因此，阔叶林内的野菇通常比针叶林多样，热带（或低海拔）的野菇一般也比温带（或高海拔）多样。也就是说，若想来趟丰富、难忘的赏菇之旅，走进低海拔阔叶林是优先的选择。

低海拔阔叶林指的是海拔 800m 以下的森林，在这类环境中寻找野菇，首先可以仔细观察林下的枯倒木、老树的树洞，那里常可发现各式各样的木生性野菇，如相邻小孔菌、硫色绚孔菌、粉红栓菌、簇生沿丝伞、蠔韧革菌、炭角菌等。在地上的枯枝落叶堆里，也可发现一些小型伞菌，如紫红小皮伞、毛状小菇等。此外，森林步道旁的斜坡上，则常可发现一些土生性野菇，如亮多珊瑚菌、日本丽口包等，有些还是与树木根部共生的外生菌根菌，如鸡油菌、棕色革菌、亮茶色蛋鹅膏。

低海拔木生性野菇，如粉红栓菌，其数量和种类堪称第一

未经开垦利用的低海拔天然阔叶林中，不仅可以观察到世界广泛分布的菇类以及部分地区独特的物种，这类环境更是孕育特有种野菇的温床，所以非常需要大家的保护与珍惜。

地点4 中海拔阔叶林

接着再往高处爬，便来到海拔 800 ~ 2200m 的中海拔阔叶林。这里因位处云雾带，常年笼罩在高湿的环境中，因此野菇的种类也非常丰富，但物种与低海拔阔叶林有些不一样。来到这类森林中，你会发现热带种类的野菇由南至北渐渐减少，而温带种类的野菇则明显增多。此外，中海拔处

中海拔壳斗林是寻找喇叭菌这种土栖共生性野菇绝佳的地点

森林步道或小径旁的斜坡常可发现奇特的亮多珊瑚菌

木生性物种较低海拔处少，而土生性和共生性野菇则比低海拔处来得多，因此软菇种类也比低海拔处多。有人认为这可能是因为此处湿度高，非常适合生长期短、需要持续性高湿环境的软菇生长。

在这类环境中寻找野菇的原则与低海拔阔叶林相似，先以木生性种类为主，再观察土生性及共生性软菇。这里常见的木生性野菇有淡黄木层孔菌、桦褶孔菌、香菇等，常见的土生性和共生性野菇则有花脸香蘑、球茎鹅膏、栎生鹅膏、高大环柄菇、金毛鳞伞、日本红菇、厚鳞条孢牛肝菌、混淆松塔牛肝菌等。有时，还可在一些特定树种上，发现特有种野菇，如生长在牛樟上的牛樟芝。

中海拔阔叶林内，喜欢凉爽环境的温带种类野菇出现的比例较低海拔处高

低海拔林地上的土栖共生性野菇种类也不少

地点5 中、高海拔针叶林

中、高海拔针叶林指的是海拔 2200m 以上的森林，这里的树木基本是针叶树，林相单调许多，加上冬季温度较低，所以野菇种类较少。这里的野菇多具宿主专一性，也就是说特定树种上常可观察到特定种野菇，如紫杉干酪菌主要以桧木为宿主。在这类环境中寻找野菇的原则也与低海拔阔叶林相似，先以木生性种类为主，再观察土生性及共生性软菇。常见的木生性野菇有松林内的松木层孔菌、灰蓝寡孔菌、波状根盘菌和茯苓，铁杉上的松生拟层孔菌，桧木上的紫杉木齿菌、柏克来绒柄革菌，以及球果上的小孢菌等。而常见的土生性及共生性野菇则有二叶松林内的长久集毛菌、褐环乳牛肝菌，其他如高羊肚菌、苔藓盔孢伞、蒙它娄圆孢地花、网状牛肝菌、裂皮疣柄牛肝菌、乳牛肝菌、金黄枝瑚菌和洁小菇等，也是针叶林内常见的野菇。

冷杉林内偶见的蒙它娄圆孢地花

△中、高海拔林地上常见的苔藓盔孢伞

野菇在台湾

根据至2001年的野菇种类调查，台湾已知大型担子菌约900种，大型子囊菌约200种，如以单位面积的菌种丰富度来看，中国台湾是印度的11倍，中国大陆的80倍，甚至是真菌资源调查非常完整的日本的4倍。而且，截至目前，每采集100种大型真菌，就有20~40种是台湾新记录种或新种，由此可见台湾大型真菌的多样性与丰富性实在不容我们忽视。

不过，为何小小的一块土地上，可以拥有如此丰富的野菇资源呢？下面就从地理环境和气候条件两个面向，来为这个问题提出相关的解释。

多元的地理环境：台湾因为具有地理上的隔离效果，演化出特有物种的概率因而升高。此外，台湾拥有的森林资源也相当丰富，而森林正是野菇安身立命的主要场所，加上刚好又有北回归线拦腰穿过，因此中部以北的低海拔地区，主要是亚热带森林生态系统；以南的地区则为热带森林生态系统；而中央山脉海拔3000m以上的高山林立，更创造出寒带和温带生态系统。如此高度差异的环境条件，正是产生丰富野菇资源的主因。

高湿的气候条件：台湾夏季有西南海洋季风与台风带来充沛的雨量，冬季则有东北季风为北部提供雨水，使得台湾一整年都具有较高湿度的环境，而高湿度正是野菇出菇的必要条件。再者，因野菇主要是靠孢子传播，而质轻的孢子可以在空中做长距离的飘浮，因此当夏季台风自西太平洋吹向台湾时，便吹来了许多南洋当地的菇种孢子；同样的，冬季来自大陆北方的东北季风，必然也吹来了当地的菇种孢子。这些来自异地的孢子，可能在台湾找到适当的生长基质而发芽，它们不仅落地生根，成为海岛的住客之一，也丰富了台湾野菇的资源。

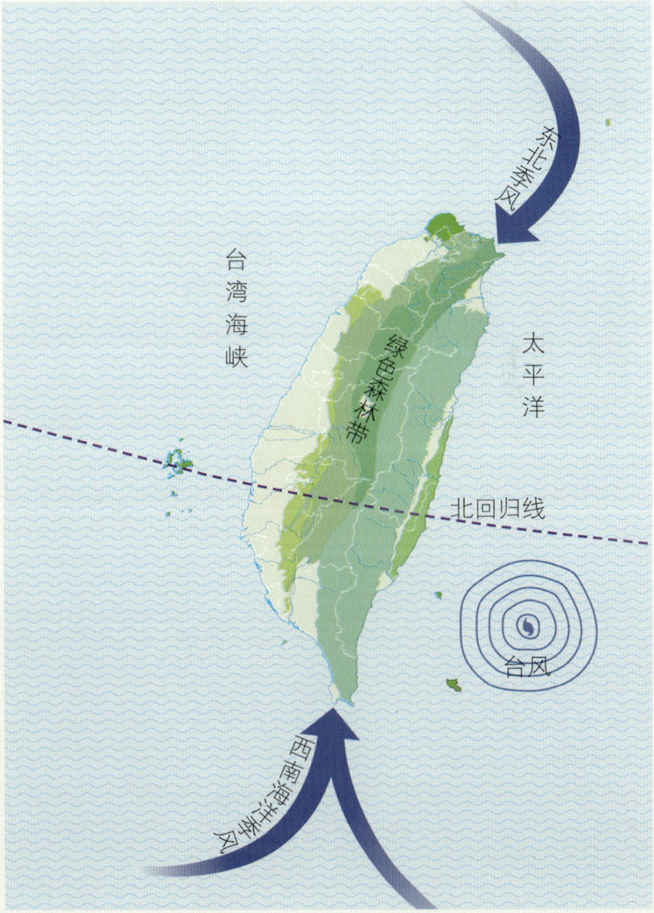

台湾多元且优势的地理与气候条件，是野菇资源丰富的主要原因

观察篇

鬼伞怎么一夜变色了？

美味的牛肝菌何处寻？毒菇一族有哪些？

裂褶菌如何施展“龟息大法”？

冬虫夏草也是菇？

本篇从外观特征开始，

一一揭开36科野菇的家族秘密，

让你在掌握辨识要诀之余，

更能领略野菇世界无穷的奥妙！

蜡伞科

咦！这个颜色鲜艳、娇小玲珑的小伞菌，怎么好像上蜡的苹果，看起来雾蒙蒙的？没错！蜡质的外表正是蜡伞科野菇最大的特色，若试着揉碎菇体，指端还会感觉有层蜡质黏附其上。如果还不确定，那么看看背面是否有延生、排列疏松的厚菌褶，若有，那一定就是蜡伞家族的成员了。

小档案

分布：世界广布；常出现于低、中海拔森林

种类：约 10 属 320 种

分类：伞菌目蜡伞科 Hygrophoracea

●**主图**：绯红齿湿伞 *Hygrocybe coccineocrenata* (P. D. Orton) Moser，菌盖 0.4~1cm 宽。

蜡伞科菇类的菌盖表面都具有蜡质

菌盖
多呈钟形至漏斗形

菌褶
弯生至延生，厚，疏松，具蜡质；孢子印为白色

质地
蜡质，质脆，易烂

上蜡不打光的小伞菌

娇小似伞的外观，鲜艳的颜色，上蜡般雾面的质地，是蜡伞科野菇给人的第一印象；仔细观察，有些种类甚至连菌褶也多少铺上一层蜡质，难怪这个野菇家族的英文名为“Wax Cap Family（蜡盖伞科）”。

想观察蜡伞并不困难，从住家庭园的盆栽里或花丛下，一直到低、中海拔山区的苔藓沼泽地、牧场草地、林地，均可发现它们成群冒出的可爱菇体。

由于这群“小可爱”出现的时间只有短短几天，所以若想仔细观察它们，就得好好把握赏菇的黄金时光！

蜡伞家族的孪生姊妹花

小巧可爱的蜡伞家族共有10属320种左右，其中蜡伞属（*Hygrophorus*）和湿伞属（*Hygrocybe*）便占了半数以上（蜡伞属约100种，湿伞属约150种）。它们就像一对孪生姐妹花，从外观上看十分相似。不过若是仔细比较两者差异，会发现湿伞属菇类多半鲜艳引

蜡伞属菇类的颜色多半较素

土栖腐生的湿伞属菇类，外观鲜艳动人

人，而蜡伞属菇类虽长得较为高大，外观却朴素许多，多半为白色或黯淡色，且摸起来较不具蜡质感，有些种类甚至还可在菌柄上发现丝膜状菌环呢。此外，在生长习性上，两者也有很大的差别，蜡伞属菇类多为外生菌根菌，也就是所谓的土栖共生菌；而湿伞属菇类则主要为腐生菌，且多数属于土栖腐生菌，只有极少数为木栖腐生菌。

只凭着外观有时还是不易清楚分辨这对姐妹花，最准确的方法还是取其菌褶切片，在显微镜下观察菌褶内部的菌髓菌丝的排列方式：蜡伞属的菌髓菌丝是从中央束向两边辐射分开，而湿伞属的菌髓菌丝则或多或少是平行的。

炎夏时，在住家庭院的盆栽或花丛下，偶尔可见美丽的绯红齿湿伞

土栖共生的蜡伞属菇类

菌髓菌丝比较图

〔湿伞属的菌褶切片〕

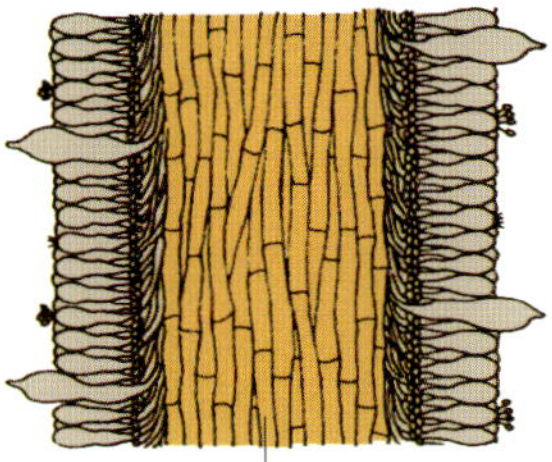

〔蜡伞属的菌褶切片〕

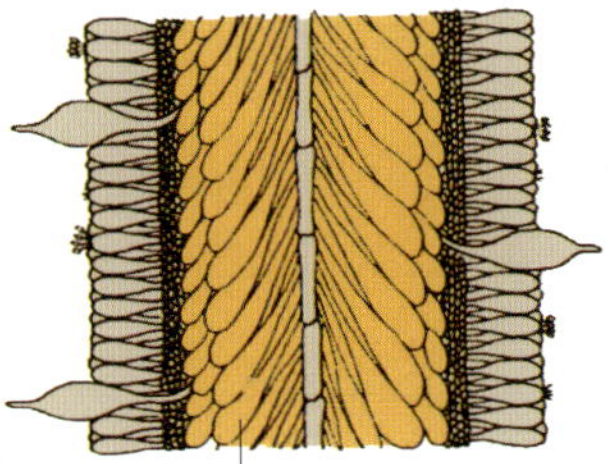

一碰就花容失色的锥形湿伞

“不要碰我！天呀！呜呜！我的美貌全毁了……”如果菇类会说话，如此的哀嚎恐怕常常发生在湿伞属成员之一的锥形湿伞身上。因为外号“变黑湿伞”的它，原本漂漂亮亮的橙红色外表，一旦被触摸就会发生氧化作用，迅速变黑变老。其实很多菇类被刮伤后也会变黑、变蓝或变绿，只是变化没有那么快而已。

锥形湿伞变色前的可爱模样

快速变黑的锥形湿伞

外形相似却差之千里的鸡油菌

有些鸡油菌科的野菇，不管外形或微细构造都与蜡伞科野菇十分相似，其中又以鸡油菌属（*Cantharellus*）最易令人混淆不清，不过只要仔细观察，便不难分辨两者。鸡油菌属野菇菌盖背面的子实层只具脉状隆起，并不像蜡伞科野菇为真正的菌褶，也因此被归为非褶菌类，两者实质上相差甚远。

色泽和蜡伞同样鲜艳的鸡油菌，子实层呈脉状隆起

口蘑科

打开口蘑科成员的相本，体型从小至绿豆，大至成丛如小孩高，应有尽有。它们不仅“菇”多势众，外貌多样，名气更是响叮当，火锅明星金针菇、媒体宠儿巨大口蘑、民间美食鸡肉丝菇、日本国宝级菇类“松茸”，都是它们的成员。不过，可别以为它们个个美味好吃，此科野菇中还有许多味道不佳，并无食用价值，有些甚至还是碰都碰不得的毒菇呢！

小档案

分布：世界广布；我国多处均有分布

种类：107属2356种

分类：伞菌目口蘑科 Tricholomataceae

菌褶

多凹生、直生至延生，罕离生；孢子印多为白色

菌盖

形状多样，多平展

质地

肉质，易腐烂

颜色

多样

主图：巨大口蘑 *Tricholoma giganteum* Massee，菌盖10~30cm宽。

△菇体肥厚且硕大的巨大口蘑，已人工栽培成功，名为“金福菇”

伞菌世界的龙头老大

口蘑科为伞菌目中菇类体型最大且最多样的一科，其一般为伞状、肉质的菇体，中生的菌柄，以及白色系的孢子印，只有少数种类菌柄侧生，或是子实层非褶状而呈孔状，至于无柄的种类则相当罕见。另外，只有少数种类在菌柄上长有菌环，或是基部长出假根状的菌索。

口蘑科成员散布于平地到高海拔森林中，有的成员喜欢单独出没，有的喜欢

△菌柄侧生的脉褶菌（上图）与有孔无褶的丛伞丝牛肝菌（下图）都是口蘑科的异类

体型

小至大型均有

菌柄

中生，少数偏生或侧生，罕无柄，基部无膨大或菌托

△中海拔腐木上常见的钟形干脐菇具有典型口蘑科伞形柄中生的特征

成群聚生，有的还会形成仙女环状的菌轮，如硬柄小皮伞、花脸香蘑等。

枯枝落叶间冒出的微皮伞属菇类

而本科的成员多数为腐生菌，木生性与土生性均有，常可发现其从土表、草地、枯枝落叶、球果、腐木间冒出。不过也有少数成员为寄生菌，如蜜环菌等，寄主除了活树干外，有的甚至还能寄生在其他菇体上；另外，还有一群成员为共生菌，如松口蘑、皂味口蘑等，它们会与树木的根部形成共生关系，即所谓的外生菌根菌。这类野菇生长习性多彩多姿，正呼应了它们的多样化！

世界上最大的活生物

1992 年时，真菌专家曾在美国密西根山区的森林里，发现菌丝面积覆盖达 600hm^2 大的巨型蜜环菌，

以分解腐木为生的蜜环菌

常于草地上形成仙女环的硬柄小皮伞

Nature 杂志曾将其喻为世界上最大、最老的活生物。这株创纪录的野菇，属于口蘑科的一员，正式学名为球蜜环菌 *Armillaria bullbosa*，它大约从 1500 年前便从极微小的孢子开始自己的生命历程，靠着菌丝的不断繁殖，在地底下扩张疆土，形成绵密的菌丝网。更令人吃惊的是，8 年后真菌专家在奥立冈州又发现了一株更大、更老的蜜环菌，直至今日为止，它的菌龄超过 2600 年了，而且全株面积达 900hm^2。若不是真菌专家靠分子生物学技术检验取样的遗传基因，大概也无法发现林地下隐居着这样奇特的生物吧！

长在腐竹竿上的发光小菇，白天并不起眼

夜晚发光的发光小菇

有趣的发光小菇

在日本小笠原岛有项著名的“寻菇”观光活动十分特别。原来当地人在入夜后，会带领游客进入竹林，观赏林内美丽的幽幽小绿光。但这可不是萤火虫的杰作喔！而是口蘑家族的一员——发光小菇的精彩演出；白天看到它们时，并不太起眼，但到了晚上可就令人惊艳不已了。其实我国有些地区也能体验此情此景，只要在梅雨季过后的夜晚，到竹林下找找，或许就能发现传说中的“绿光”呢！

其实口蘑家族中还有从伞丝牛肝菌、鳞皮扇菇及蜜环菌的菌索与菌丝也能发光。一般认为它们发光主要是为了吸引趋光性昆虫来帮忙传播孢子。有趣的是，以前有人还会收集这些发光菇类，放在谷仓内当做照明之用，因其是冷光不会发热，当然也不怕引起火灾。

菇类有根，也有藤

咦！这个菇类怎么长根了？没错，有些菇类的菌柄下方的确会有细长的根状物，称之为“假根”，那是由菌丝体成束形成的，单条不分支。这个假根就像菇类的地下钻土机，主要功用是用于破土（或木）钻出，以便撑开菌盖形成菇体。

口蘑科成员中有假根的种类还不少，如鸡枞的假根连到地下的白蚁巢，长根小奥德蘑的假根则连到地下的腐木。

长根小奥德蘑全株挖出后，可见下方的假根

枝状微皮伞四周杂生的“藤蔓”，其实是它的菌索

此外，有些菇类生长的基质四周，还可见密密麻麻的“藤蔓”四处盘生，这也是由菌丝体紧密成束形成的，称之为“菌索”。菌索通常质地柔韧，呈分支网络状，顶端罕见菌盖，其主要功能不仅在于扩展领域，更在于累积养分，以便度过环境恶劣的时期，等到环境条件适宜时再长出菇体，繁衍下一代。口蘑家族中有些蜜环菌属（*Armillaria*）、微皮伞属（*Marasmiellus*）及小皮伞属（*Marasmius*）的成员便可见此现象。

日本人不吃不瞑目的松茸

松茸可谓口蘑科所有可食用菇类中的“超级明星”，在日本更被列为国宝级的珍贵食用菇，日本人终其一生一定要吃到松茸，不然死不瞑目，由此可见它的魅力。

日本松茸的孪生兄弟——松口蘑

松茸之所以珍贵，一来因其多于秋季出菇，产期不长，再则因为土栖共生菌，不易人工栽培。近年来，中国、韩国外销到日本的松茸虽然与日渐增，不过因产期接近，所以价格都差不多。十几年前，中国台湾曾在1月份左右，输出十几千克的生鲜松茸至日本，这是因为在高山的二叶松林之中，也生长着一种名为“松口蘑”的野菇。其实松口蘑是松茸的变种，味道和松茸不相上下，而且还可在冬季采收，当时市价高达20000元/kg。

白蚁赏赐的山间鲜味——鸡枞

夏季雷雨过后的夜晚，有经验的采菇人会带着手电筒及布袋来到林下穿梭，他们找寻的就是味道鲜美，却可遇不可求的鸡枞。运气好时，可采掘到百来斤，采到之后必定赶紧分送亲朋好友尝鲜，这可是有钱也吃不到的人间美味呢！

鸡枞是一种和白蚁形成共生关系的口蘑科菇类，它们可说是白蚁培养出来的独门美馔，因而又称“蚁巢伞”，人类至今还无法以人工栽培。

它们和白蚁之间的互利关系为：当白蚁啃食到有鸡枞孢子黏附的木材，并将其吐出制作蚁巢时，孢子便趁机发芽形成菌丝，以吸收蚁巢上的养分为生长养分，而白蚁则取其菌丝补充不足的蛋白质。一旦蚁巢快废弃时，菌丝便会大量增生，迅速形成尖硬假根与菌盖，从蚁巢往地面钻生，一旦到达地面便冒出菇体、传播孢子。所以我们吃鸡枞时，得感激白蚁。

从地底伸出的鸡枞

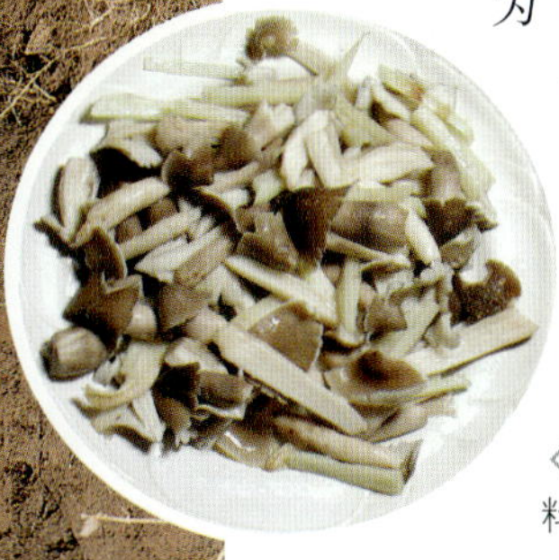

美味可口的鸡枞料理

长着怪模样的栽培种金针菇

全身雪白，纤细瘦长，加上丁点个头的小菇，在市场上一年到头皆可碰到，人人都认识它，它就是金针菇。可是有趣的是，若有机会在野外碰到它野生的模样，每个人第一个反应就是，其与市场上的根本都不像。

金针菇的正式学名为 *Flammulina velutipes*(Curt.: Fr.) Sing.，菌盖中小型，淡黄褐色，湿时黏滑，菌柄较短，暗褐色具绒毛，秋至春间，常簇生于中、高海拔森林内的腐木上。然而人工栽培的金针菇，因没有受到光照，所以全株白白的，加上被局限在人为的狭窄空间内，菌柄拼命伸长，等到一定长度时就被采收，菌盖连发展的机会都没有，所以才会有着这样一副怪模样。

金针菇栽培种

金针菇野生种

鹅膏科

一支支伞状的鹅膏，模样和一般伞菌没啥差别，可它们之中有些可是身怀剧毒，让你一吃就算没送命，也得受些折磨，因此也有人称此科菇类为“毒伞科”。原来鹅膏科成员里，除了极少数可食，多数都具有毒性，可说是毒菇的大本营，就连童话故事中常出现的毒菇也是此科的一员——毒蝇伞！喜欢野外采鲜的饕客，可得睁大眼睛，多留意这些危险分子。

小档案

分布：世界广布
种类：2属220种
分类：伞菌目鹅膏科 Amanitaceae

鹅膏属的亮茶色蛋鹅膏，基部的花苞状菌托十分明显易见

主图：红托鹅膏 *Amanita rubrovolvata* Imai，菌盖 2~4cm 宽。

菌褶离生，菌柄具菌环或菌托是鹅膏属菇类外观上的主要特征

颜色
朴素到鲜艳都有

质地
肉质软脆

菌褶
离生；孢子印多为白色，少数为淡黄色

同门兄弟两个样

鹅膏科菇类主要分为两支，其中鹅膏属（*Amanita*）的成员，不仅占了九成的比重，而且许多世界著名的毒菇皆系出此门。鹅膏属菇类初生时多似鸟蛋，随着菇体成熟，菌盖逐渐平展，离生的菌褶明显可见，而拉长的菌柄表面，常有着明显的菌环；最特别的是，菌柄基部常膨大如球茎，或是由花苞状的菌托包住。

不过另一分支——黏伞属（*Limacella*）成员和鹅膏属在外观上差异很大，此属的菌盖或菌柄多具黏性，

鸟蛋状的鹅膏属菇类初生蕈

伸出菌盖的初生鹅膏

菌盖平展，菌柄拉长的成熟鹅膏

低海拔林地上常见的角鳞灰鹅膏，菌柄上可见明显的菌环，其为具神经性毒性的毒菇

因而得名；其菌柄上也不见菌环及菌托，或是有些种类的菌环不明显。此外，黏伞属和鹅膏属在食用性上相比，黏伞属菇类大多种类不仅无毒还可食用。

气候潮湿时，可见黏伞属的污黏伞菌盖表面呈湿黏状

探访鹅膏的故乡

若不想命丧于毒菇大本营，当然就得好好认识一下鹅膏科成员出没的习性。从平地到中、高海拔森林，都可发现它们的踪迹。鹅膏属菇类常单株或零散地从地面冒出，其中绝大多数为土栖共生菌，喜与壳斗科或松科树木的根部形成共生关系，属于外生菌根菌，所以多可在这些树种附近的林地上发现它们；另一个黏伞属菇类虽也常从林地或草地上冒出，却是属于土栖腐生菌。

童话里的毒菇主角——毒蝇伞

刺红大伞上点缀着白白的鳞片，粗粗的白色菌柄上有着明显的菌环，基部则膨大呈球茎形，这是西方童话故事中典型的毒菇造型。其实它的本尊名为“毒蝇伞”，属于鹅膏科的一员。其含有毒蝇碱等神经毒素，具杀虫之效，为苍蝇克星，因而得名。

此外，或许因为它的菌盖表面密布隆起物，看似癞蛤蟆的皮肤，加上具强烈毒性，因此又有“蛤蟆菇”的别称。所有毒菇的英文通称“toadstool”，意为“癞蛤蟆(toad)的凳子（stool）”，大概也跟上述的联想有关吧！

再者，毒蝇伞虽具毒性，但不会置人于死地，食用后会让人感到昏眩、恶心，甚至引起腹泻，不过因为小量食用具有迷幻或安眠的作用，所以古代一些宗教仪式中曾被作为祭典食用菇，而德国民间还将其浸入酒中，用以治疗风湿性疾病。

世界各地的松树、云杉、桦树林地内皆可发现毒蝇伞美丽的踪迹，有种称为“红托鹅膏”的野菇，其外观和毒性都与毒蝇伞十分相似。

招魂天使——鳞柄白毒鹅膏

炎夏时，若在郊外的壳斗科树木附近的林地上，发现白色、中型且菌褶离生的伞菌，可得多加小心，因为很有可能是遇上了外号“招魂天使”或“致命天使”的鳞柄白毒鹅膏。

它们在毒菇界算是冷面杀手，外貌平淡无奇，却隐藏着致死的剧毒，打破了人们对毒菇色彩鲜艳的常规认识。因其毒性属于肝损害型，食用后会严重损害肝、肾、心脏及大脑的机能，加上误认率也很高，所以致死率也相对较高。

纯白美丽的鳞柄白毒鹅膏，却是带有剧毒的毒菇

毒门异类——可食性鹅膏

鹅膏属虽以毒菇著称，然而可食鹅膏与亮茶色蛋鹅膏可算毒门中的异类，它们为此属中极少数可食用的菇类。不过建议在野外若是遇到菌褶离生，同时具有菌环或菌托的菇类，最好还是不要采食，因为拥有此类特征者95%以上皆为毒菇。

低、中海拔林地上常见的“红托鹅膏”，也有着童话中的毒菇造型

可食鹅膏味道鲜美

粉褶菌科

“好可爱！”享受森林浴，悠闲漫步林间小路时，常会被粉褶菌科野菇吸引而忍不住赞叹。亭亭玉立的菇体，扣了顶小尖帽，帽顶偶尔还有个小扣钉似的尖突物，环肥燕瘦，各有姿色。最特别的是，它们背面菌褶内孕育的孢子常呈小女孩最爱的粉红色，也因而得名。不过，这个外貌讨喜的野菇家族，可不是餐桌上受欢迎的角色，它们大多有毒，仅少数可食用，真可谓“中看不中用”。

小档案

分布：世界广布

种类：7属1074种

分类：伞菌目粉褶菌科 Entolomataceae

●**主图：**尖顶粉褶菌 *Entoloma murraii* (Beck. & Curt.) Horak，菌盖1.5~2.5cm宽。

菌褶粉红的可爱菇族

粉褶菌科成员多半个头娇小，菌盖呈锥形，而且以前称为“赤褶菇科（Rhodophyl-laceae）”，可想而知，带有粉红色泽的菌褶，便是这个家族的注册商标。从平地的草地，到凉爽的中、高海拔森林里，都可找到粉褶菌们的踪迹。此科全体成员均属于腐生菌，着生的基质从土壤、腐木、枝叶层都有；它们在整个生态系统中，默默扮演着分解者的角色。

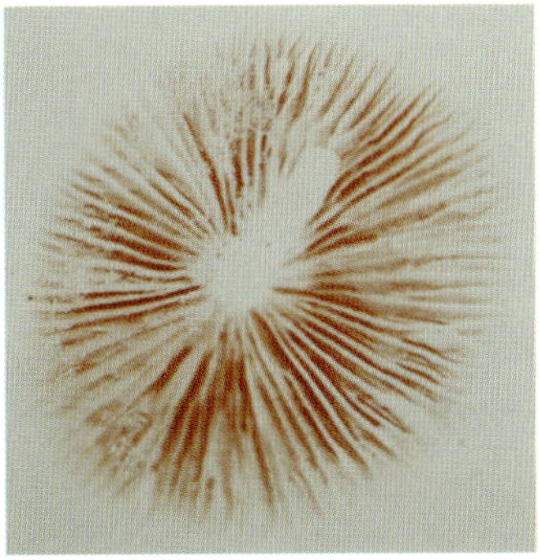

粉褶菌科菇类成熟的担孢子呈粉红色，因而孢子印也呈现美丽的粉红色泽

灰肉色粉褶菌多生长在草地间，菌盖表面可见明显纤维丝条

光泽粉褶菌全株具蓝黑色泽，独特而美丽，又名“蓝黑赤褶菇”

菌褶
凹生至延生；孢子印多为粉红色

颜色
多样，有些种类鲜艳

中海拔林地常见的绢状粉褶菌，外形娇小，质地细致光滑，十分可爱引人

小尖帽和软呢帽比一比

粉褶菌科主要有2属：粉褶菌属（*Entoloma*）和斜盖伞属（*Clitopilus*），其中九成以上的成员（约1000种）都为粉褶菌属（旧称赤褶菇属 *Rhodophyllus*）。此属色彩相当多样，有些颜色鲜艳，有些全身一副谜样的青紫色调；而草地生的粉褶菌属菇类，则多为朴素的灰褐色系，且菌盖表面常布有鳞片。

相对的，斜盖伞属（全世界约有25种）野菇的外形则十分不同，如果形容粉褶菌属菇类像戴着小尖帽的森林小精灵，那么斜盖伞属菇类，就像斜戴软呢帽的小小艺术家，不知情的人，绝对很难相信两者系出同门。以下就来看看两者在外观和细节上的主要差异。

斜盖伞属菇类多不具明显菌柄

❶**菌盖**：粉褶菌属野菇多为锥形，斜盖伞属野菇多为扇形。

❷**菌柄**：粉褶菌属野菇的菌柄多细长、中生；斜盖伞属野菇则几乎不具菌柄，或只具侧生的短菌柄。

❸**担孢子**：粉褶菌属野菇为多角形；斜盖伞属野菇为椭圆形，具纵纹。

粉褶菌属菇类具有典型的伞状菇体外形

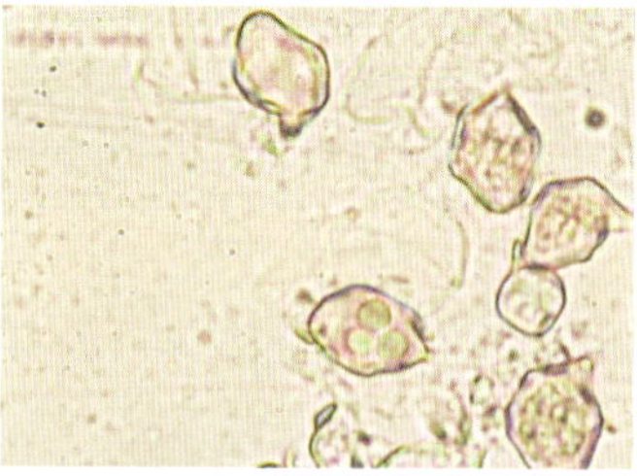

粉褶菌属野菇的担孢子呈多角形

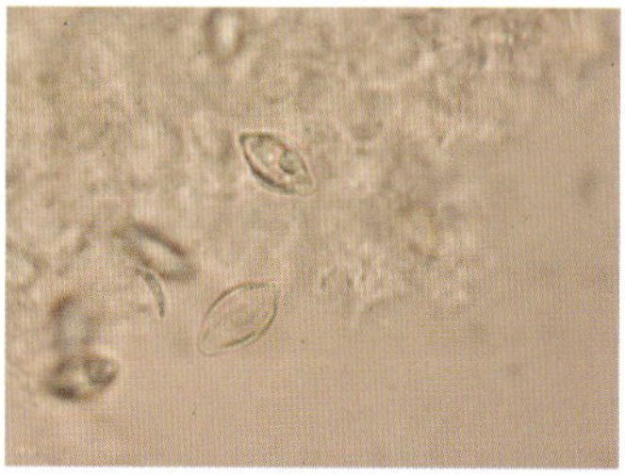

斜盖伞属野菇的担孢子多椭圆形、具纵纹

形影不离的粉褶菌姐妹花

中国常见的粉褶菌科菇类中，有对形影不离的姐妹花——方孢粉褶菌与尖顶粉褶菌；它们都是夏、秋两季低、中海拔林地常见的粉褶菌科成员，且常同时出现在不远处，身材差不多，颜色都很鲜艳，担孢子也同是四角形，好在一个是橘红色，一个是鲜黄色，不然定让人迷惑难辨。

橘红色的方孢粉褶菌

鲜黄色的尖顶粉褶菌

孢子印简易分类法

造型似伞的伞菌目野菇，很难光靠外观来分门别类，不过有个妙方却可以简单轻松分出3个大类，即利用孢子所造之物——孢子印的颜色。

以粉褶菌来说，所有伞菌中，具有这样独特的粉红色孢子印者，也只有它们和后面要介绍的光柄菇科，所以如果做出粉红色系孢子印，再拿出显微镜观察一下担孢子是否为多角形，如果是，那么十有八九便是粉褶菌家族的成员，这样的方法，是不是既有效率又很科学呢？

下面列出伞菌目中三大类孢子印颜色的野菇科别，提供分类上初步判别之用。

孢子印粉红色系	粉褶菌科 光柄菇科
孢子印白色系	蜡伞科 口蘑科 鹅膏科 环柄菇科 侧耳科
孢子印褐色系	伞菌科 鬼伞科 粪伞科 球盖菇科 靴耳科 丝膜菌科

光柄菇科

小档案

分布：世界广布
种类：6属874种
分类：伞菌目光柄菇科 Pluteaceae

从名称上就可想见光柄菇科野菇最大的特色，即是所有成员的菌柄都光溜溜的，不具菌环。其中，最赫赫有名的，莫过于以馨香浓郁、味鲜爽口著称的美味食用菇——“草菇”了。因为人们贪图它肉质细嫩鲜美的幼蕈，在菇体尚未成熟时，便趁鲜采收烹煮，所以一般人很少看到草菇成熟的模样，更别说知道它有个光滑的菌柄了。

●**主图：**小包脚菇 *Volvariella volvacea* (Bull.: Fr.) Sing.，菌盖5~12cm宽。

小包脚菇即俗称的“草菇”，味道鲜美，营养价值高

穿不穿鞋有差别

这些小至中等身材的光柄菇科菇类，有着伞状的外观，离生的菌褶，而光滑不见菌环的细长菌柄，更是它们的注册商标，也因此得名。全世界共有6属，其中小包脚菇属（*Volvariella*）和光柄菇属（*Pluteus*）是其中两大门派。

外观上，小包脚菇属菇类的菌柄基部常被菌托包住，像穿了包鞋般，因而得名。相对的，光柄菇属菇类的菌柄则显得光溜溜的，什么也没包。不过若是取其菌褶切片放到显微镜下视察，光柄菇属菇类的囊状体表面反倒常具三至五角形的突起，和小包脚菇属菇类的相比，就不那么光滑了。

亚铁罗小包脚菇的初生蕈菌托明显可爱

颜色
多为灰色至暗褐色

菌褶
离生，粉红色至淡红褐色；孢子印多为粉红色

菌托
小包脚菇属多具，光柄菇属则多无

矮小包脚菇体型虽小，“脚”上的包鞋却也少不了

低海拔腐木上常见的暗灰光柄菇，属于光柄菇属，菌柄上光溜不见菌托

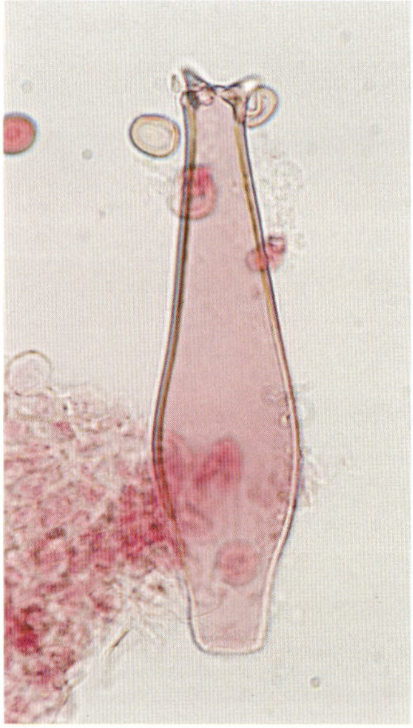

显微镜下，光柄菇属的囊状体常具三至五角形突起

寻访光柄菇的故乡

小包脚菇属和光柄菇属成员的分布区域很广，从住家附近一直到高山地区，甚至海岸防风林地上均可发现它们的踪迹。而两者不仅外貌相异，就连生息的环境也都有所区分。

其中光柄菇属成员不爱抛头露面，喜欢躲在暗处腐木堆里，而且腐木越腐朽，就越容易发现它们的身影，所以多被归为木栖腐生菌。

喜躲藏于郊山腐木间的黄光柄菇，为光柄菇属的一员

然而，造型特殊的小包脚菇属成员相较之下就较常露脸，它们属于土栖腐生菌，喜欢生长在有机质成分高、养分丰富的土壤中，如腐草堆、腐木屑堆或是盆栽土。

美味营养的草菇

名字有趣的小包脚菇，其实就是一般俗称的“草菇”！它们原产于热带、亚热带地区，常可在有机质成分高的腐木屑堆中发现野生的菇群。清代时，我国农民开始以稻草堆肥进行人工栽培，因而得名，之后甚至外销至国外，因此还被称为“中国蘑菇”。

市场上常可见一个个形似鸟蛋、吃起来肥嫩鲜美的草菇，其实是尚未成熟的初生蕈。等到快成熟时，黑褐色的菌盖便会从膜状的菌托破膜而出、逐渐开展，并伸出白色的菌柄，只不过一般人大概少有机会看见它们成熟的模样吧。

此菇不仅味美，营养价值也很高，自古以来便被视为珍贵的补益药材，古书中记载其“性寒、味甘，能消食去热，增进身体健康”，而明清时期更因专供皇帝享用，称之为“贡菇”。

草菇成熟后菌盖开展的模样，一般人多半认不得

时至今日，营养科学界也已经证实草菇中的蛋白质含量高，其中包含了人体所需的8种必需氨基酸，而且维生素C的含量也较许多蔬果高出好几倍；此外，它还含有一种可以抗癌的异蛋白成分。所以多食用草菇，不仅可以满足口腹之欲，还能改善体质、提高免疫力、降低胆固醇，以及增强人体的抗癌能力，真可谓“菇虽小却妙用多多”。

营养美味的草菇料理

粉红孢子印比一比

伞菌目菇类中除粉褶菌科外，还有光柄菇科成员的菌褶也是粉红色系的，所以有时两者会被弄错。其实只要仔细观察，便能发现光柄菇科成员的菌褶为离生，即菌柄与菌褶相离不相连，与粉褶菌科成员的菌褶凹生至延生并不相同。

此外，同为伞菌目的菇类中还有鹅膏科、环柄菇科、伞菌科、鬼伞科、粪伞科成员的菌褶也为离生，不过只有光柄菇科成员的孢子印为粉红色的，所以相当容易区辨。

光柄菇科成员的菌褶多为离生

粉褶菌科成员的菌褶多为凹生

环柄菇科

环柄菇科成员的造型就像小雨伞！细长的菌柄托着大大的菌盖，盖上多可见到如伞骨般的条纹。它们往往雨后便一个个急冒出头，仿佛是为路过的小生物好心准备歇脚处。话说回来，此科的成员许多是碰不得的毒菇，其中还有个出了名的毒菇状元——绿褶菇，在菇类中毒事件中，八九不离十都是它引起的！

小档案

分布：世界广布

种类：7属420种

分类：伞菌目环柄菇科 Lepiotaceae

●主图：绿褶菇 *Chlorophyllum molybdites* (Meyer: Fr.) Massee，菌盖 5~20cm 宽。

草地间的绿褶菇又大又白，有时甚至呈仙女环状生长，相当显眼且易辨

可上下移动的独特菌环

白色孢子印，菌褶离生，有菌环，偶尔菌柄基部还膨大，环柄菇科菇类外观上的这些特征和鹅膏科菇类十分类似，常会让人误认。不过若是仔细观察，就会发现此科成员的菌盖表面多可见条纹状纹路，且菌托不像鹅膏科的如此明显，但菌柄上的菌环相对较明显且不易脱落，因而得名。更特别的是，有些种类的菌环还能在菌柄表面上下移动，极其有趣。

环柄菇科菇类的菌环较不易脱落，在野外看到的机会很大

寻访环柄菇的故乡

从住家附近的草地、庭园花圃，一直到凉爽的中、高海拔林地里，都可找到环柄菇科的身影。它们多为土栖腐生菌，有些成员喜欢生

颜色
多为乳白色至褐色

体型
小至大型

菌柄
中生

住家附近常可发现的珠鸡斑白鬼伞，菌盖表面多可见明显条纹

长在开阔的草地，如绿褶菇属（*Chlorophyllum*）、白环蘑属（*Leucoagaricus*）与大环柄菇属（*Macrolepiota*）菇类，有些成员则比较注重隐私，喜欢躲在枝叶层间隐密生长，一旦见光马上垂头丧气，全株干缩、变丑，如白鬼伞属（*Leucocoprinus*）和环柄菇属（*Lepiota*）菇类。

⇧纤小的白鬼伞属菇类多躲藏于林间隐秘处生长

⇧高大环柄菇全株高可及膝，外观十分引人注意

令人目瞪口呆的洋伞菇

环柄菇科成员的体型从小到大都有，其中白鬼伞属的体型较小，多属中小型菇类，单薄、条纹状的菌盖，纤细的菌柄，一副弱不禁风的模样。相较之下，绿褶菇属和大环柄菇属的个头就大多了，不过多数种类顶多手掌大，假如有幸看到高大环柄菇这位环柄菇科成员——洋伞菇，它那高过大人膝盖的菌柄，大若人脸的菌盖，带给人视觉上的震撼力，定会让你目瞪口呆，不禁怀疑是否误闯巨人国，甚至想将其大伞菌拿起来撑撑看呢！此外，高大环柄菇还是环柄菇中少见的可食种类，风味颇佳，在欧洲深受好评，且已人工栽培成功。

苦命的“草地踢走族”

那些喜欢开阔草地的环柄菇科成员，因其菇体初生时形状像颗小球，尤其绿褶菇的初生蕈看起来简直就像高尔夫球场上架好准备让人挥击的小白球，所以不管大人小孩一看见，常会忍不

小球状的绿褶菇初生蕈

住脚痒，快走几步，大力一脚踢飞。因此想在草地上找到完好无损的绿褶菇可是难上加难，通常只能看见它菇离破碎、惨不忍睹的模样了。

碘液见真章

女人们想知道是否怀孕，用验孕棒一验，5分钟答案就揭晓。若想确定是不是环柄菇科的成员，同样也有个妙方！

原来在显微镜下，环柄菇科的担孢子有一特异现象，就是原本无色的担孢子，一旦遇到褐色碘液（称为梅兰氏液），会变成红棕色，专业术语称之为“类糊精质反应”；然而其他伞菌放入此试液中大多不会变色，或是仅有少数会变蓝色，称之为“类淀粉质反应”。所以，如果下次判别环柄菇科，可以试试这个方法。

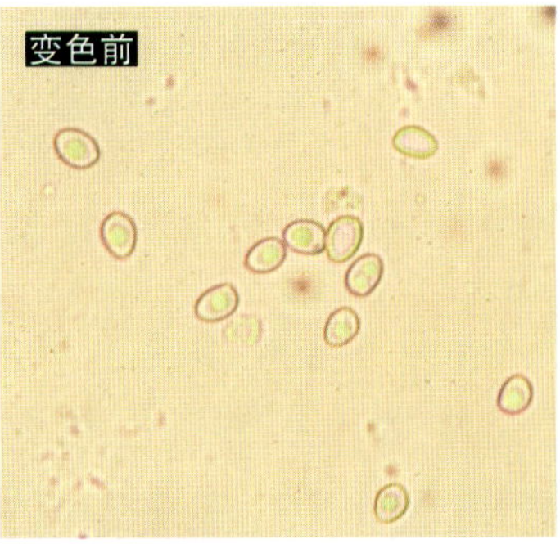

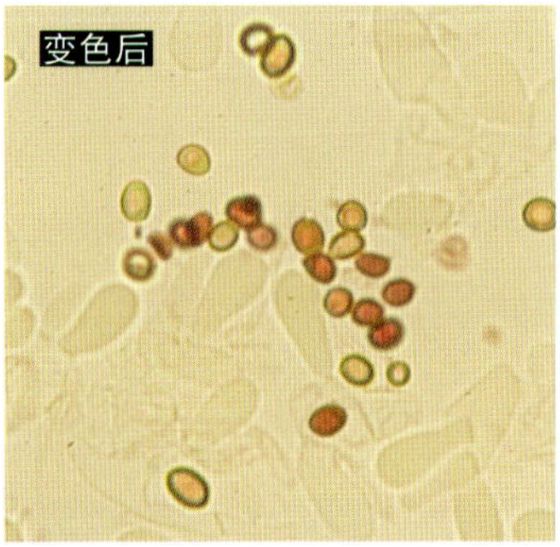

环柄菇科成员的担孢子滴入梅兰氏液后会变色为红棕色

仙女环的美丽传说

夏季早晨起床时，有时会在庭院草地上，发现成群野菇似画圆圈般地冒出。相传这是仲夏夜时，森林中的小精灵或小仙女造访当地，并在草地或围绕着大树，手拉手围圈通宵跳舞，所以隔天地上就冒出了整群圆圈状的野菇，因此人们便称这些菇类为“仙女环”或“菌轮”。许多土栖腐生性的菇类都具有这种生长特性，这是由于它们埋藏在草地内的菌丝，不断由内向外等速扩展，等到环境条件适合时，最外围、最具活力的菌丝便发菇长出子实体，而且只要空间够大，仙女环的直径可以不断扩展，甚至宽达几百米。

仙女环传说常是西方绘画的主题之一

伞菌科

小档案

分布：世界广布
种类：44属498种
分类：伞菌目伞菌科 Agaricaceae

想勾勒出伞菌科成员的大概模样，很简单，到市场找颗洋菇就成了。伞菌略显肥硕的菌盖和菌柄，肉质看来细嫩鲜美。事实上，伞菌的确多数美味可食，其中最常入菜的便是那一颗颗粉白、可爱的洋菇了。你可能不知道，春、秋季的雨后，也能在住家附近或郊外的开阔草地上，寻得这样的美味。原来那是洋菇的孪生兄弟，这个野菇也就是大名鼎鼎的“蘑菇”喔！

●主图：蘑菇 *Agaricus campestris* L.: Fr.，菌盖 4~8cm 宽。

伞菌科成员为伞菌目中具褐色孢子印的一群菇类

质地
肉质

菌褶
离生，幼淡红色，成熟转为巧克力色至紫褐色；孢子印褐色

熟不熟看菌褶便知道

伞菌科的菇类可说是名副其实的“伞菌”。伞形的菇体，肉质丰厚柔软，因菌盖表皮主要由平伏菌丝组成，所以多半平滑或稍具粉鳞；而菌柄上则常可见明显的薄膜状菌环，初生蕈时的菌环与菌盖边缘是相连的，等到菇体成熟后破裂开来，并残留于菌柄上。此外，菌盖背面离生的菌褶，初生时为粉嫩的淡红色，等到菇体成熟、孢子释出后，便逐渐转深呈浓浓的褐色，所以下次在市场买洋菇时，想知道它们到底新鲜不新鲜，翻开菌褶看看，答案便揭晓了。

伞菌科成员初生时常见菌环与菌盖边缘相连，且菌褶颜色较粉嫩

伞菌家族的熟面孔

伞菌科成员多属土栖腐生菌，它们靠以分解土壤内的有机碎屑为生，可说是草地、森林生态系统中重要的“清道夫”。

低、中海拔阔叶林地上常见的细鳞蘑菇，为伞菌科中少数有毒的种类

从住家附近、郊外，一直到中、高海拔森林里，都有它们落脚之处。其中除了蘑菇最让人耳熟能详外，细鳞蘑菇和球茎蘑菇这两种野菇，更是林地里常可遇见的伞菌科成员。所以身为赏菇新手，想要了解伞菌，可得好好认识这两位熟面孔。

说到细鳞蘑菇，中型的菌盖表面密生褐至黑褐色纤毛细鳞，因而得名。它们常被人误归为环柄菇科的一员，只要翻开背面，便可看见紫褐色而非白色的菌褶，就可确定是伞菌科成员了。再者，此菇还是伞菌科中少见具有毒性的菇类，一旦误食会出现肠胃型中毒症状，须小心辨识。

另外，菌盖如碗大的亮黄色球茎蘑菇，老熟后全株颜色会转深，散生在林地上十分显眼；挖出全株后，可见其菌柄基部膨大如球茎，因而得名。

常在中海拔阔叶林林地上冒出的球茎蘑菇，又名“林地蘑菇”

蘑菇喜欢生长在草地，故英名称为“meadow mushroom”，口感滑嫩好吃，深受好评

人工栽培的洋菇，外观和野生蘑菇无异

洋菇就是蘑菇吗

一般人看到可食的菇类，常会通称其为“蘑菇（mushroom）”。其实“蘑菇”应该专指生长在肥沃草地上一种学名为“*Agaricus campestris* L.: Fr.”的野生伞菌。而市场中贩售的洋菇，和蘑菇就像一对双胞胎，口味也很类似，光靠肉眼是无法区辨两者的。若是想要弄清楚这对双胞胎的身份，就得利用显微镜观察它们的差异：蘑菇担子为四孢型，而洋菇为二孢型，也因此在分类上洋菇的正式中文名为“双孢蘑菇”，学名为“*A. bisporus*”。

说到洋菇，它可是历经长期培育的品种，至今已经很难追溯出它的前身是谁了。这种菇类喜欢阴暗潮湿的环境，早期法国人便因此特性而利用隧道或废弃矿坑来栽培洋菇，后来逐渐进步到以菇棚或培养室来栽培。英文“mushroom”一字中的“mush”虽有着许多含意，但最常被译成“胡扯闲聊”，这是源自传统菇棚多半黑漆漆的，所以在里面工作的人也只能胡扯闲聊度日了，是不是很有趣呢？

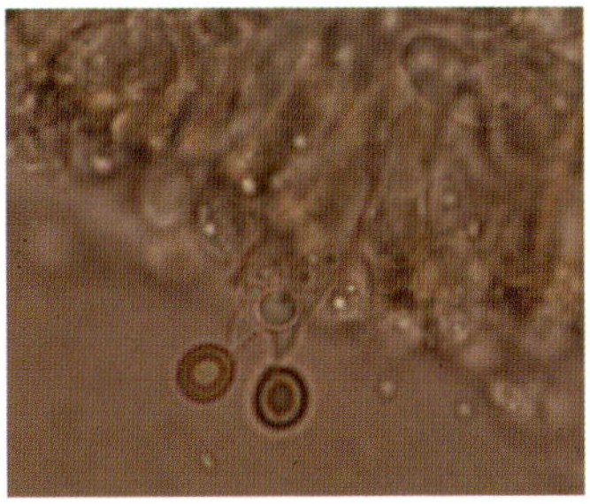

洋菇的担子柄上仅具 2 个孢子，属于二孢型担子菌

伞菌家族的异类

全世界半数左右（约200种）的伞菌科成员属于伞菌属（*Agaricus*，或称蘑菇属），至今已发现记录到的伞菌，更是八九不离十都归于此属。不过，伞菌科中有个让人头痛的分支——褐伞属（*Phaeolepiota*），它因孢子印颜色较淡呈黄褐色，且孢子的表面多不光滑，与典型伞菌科成员不太相同，所以分类归属始终不定，常让人望菇兴叹，不知如何是好。

还好此属野菇种类较少，如金黄盖褐伞，主要生长在中海拔阔叶林地上，金黄色的大个头，有时还整群大量出现，特别壮观；若用手摸摸，菌盖上满覆的金黄色粉粒状物，还会沾满指端，令人印象深刻。

褐伞属的金黄盖褐伞，带有金黄色泽的菇体全株密覆粉末

鬼伞科

咦！这里的菇呢？怎么变成了一滩黑水？不死心再找找，还是找不到，真是扫兴！不过不要太伤心，并非你记性不好，而是你遇到鬼伞科成员了。它们无所不在，只不过有点短命，常给人有种来去匆匆、朝生夕死的感觉，所以又被称为“一夜菇”；其中有些成员还更具特色，菇体成熟时整个菌盖会像变魔术般化成一滩黑水，所以有了“墨水菇”的别称。

小档案

分布：世界广布

种类：7属764种

分类：伞菌目鬼伞科 Coprinaceae

主图：簇生鬼伞 *Coprinus disseminatus* (Pers.: Fr.) S. F. Gray，菌盖 0.8~1.5cm 宽。

鬼伞科独特的黑色孢子印

体型
多中至大型

菌褶
离生至近延生，初浅色，后变褐色黑色；孢子印为褐色至黑色

颜色
多为白或黄褐色系

溶不溶有差别

鬼伞科成员的生命周期较短，只有区区数天。圆锥形的菌盖不大且薄，表面常可见沟纹，菌柄多细长，而背面密生的菌褶，使得制成的黑色孢子印形状十分独特。

更特别的是，其中占了全科约一半成员的鬼伞属（*Coprinus*，约 350 种）菇类，有个独特的本领——成熟时菇体会自溶呈墨汁状，仅残留一支细长的菌柄。至于其他常见的两个成员——小脆柄菇属（*Psathyrella*，约 375 种）以及斑褶菇属（*Panaeolus*，约 25 种），

毛头鬼伞初生时菌盖白色，状似鸡腿，故又称“鸡腿蘑”

32 个小时之后，毛头鬼伞的菌盖开始自溶

24 个小时之后，毛头鬼伞的菌盖逐渐变黑加深

48 个小时之后，毛头鬼伞的菌盖整个溶去不见

⇧褐红斑褶菇除了菌褶黑色、有斑点外，淡褐色的菌盖表面还常有着褐红色斑块，因而得名

就没这样的本事了。

外观上，斑褶菇属与小脆柄菇属成员较相近，只不过斑褶菇属菇类的菌褶可见斑点纹，也因此得名；而小脆柄菇属菇类则如其名，有着肉质松脆、容易折断的菇体。

⇧丸形小脆柄菇全株脆弱易碎，因而得名

寻访鬼伞的故乡

想要观察鬼伞并不难，它们无处不在，从住家附近到寒冷的高山，都有它们的踪迹。此科成员全为腐生菌，土栖腐生、木栖腐生，甚至粪栖腐生的种类都可找到。其中鬼伞属的习性最广，草地、林地、腐木、粪便堆等地都是它们落脚的好处所。小脆柄菇属成员多在腐木或枝叶层生长，斑褶菇属成员则最常在粪便堆或有机质含量高的肥沃土壤上被发现。

⇩晶粒鬼伞这种常见于低、中海拔森林步道旁的鬼伞科成员，为木栖腐生的种类

墨汁鬼伞成熟后菌褶自溶呈墨汁状，因此又名“墨水菇”

一探鬼伞自溶的秘密

鬼伞科中就数鬼伞属菇类的自溶现象，最让人感到惊奇与不解。它们在菇体成熟时，整个菌盖会自溶消失，独留细长的菌柄，或是全株变得污秽、残破不堪，不禁让人怀疑，它们难道是天生的“自虐狂”吗?

其实并非如此，鬼伞属菇类菌褶内的孢子不像其他伞菌是同时成熟散发的，而是由菌盖边缘朝中央依序逐渐成熟，加上圆锥形的菌盖相当不利孢子的散发，所以它们想出这个奇特的方式——自溶菇体传播孢子。这样一来，墨水般的孢子液便可以顺着菌盖边缘滴落，一旦沾到附近停留的昆虫，就能借机将孢子传播出去。现在你知道，它到底是个“天才”还是“自虐狂”了吧!

摇头菇

毒菇中有些毒素成分会作用于人类的神经系统，让吃过的人产生意识不清、幻觉的现象，感觉和吃到毒品“摇头丸”有些类似，因而被称为“神经性毒菇”“幻觉型毒菇”或“摇头菇”。鬼伞科斑褶菇属中便有多位成员属于这类毒菇，其中则以蝶形斑褶菇与褐红斑褶菇最为常见，有些种类的外观酷似鬼伞属，所以想要采食鬼伞属菇类的人，不可不慎。

在放牧地牛粪堆间发现的蝶形斑褶菇，外形普通，却具有幻觉型毒性

菇、酒相克

鬼伞科鬼伞属的成员多半无毒可食，其中墨汁鬼伞、毛头鬼伞（俗称鸡腿蘑）幼嫩未变黑前，可是相当美味的食用菇。不过奇怪的是，一桌人同吃这些鬼伞后，常有人食物中毒，有人却安然无恙！一般认为可能是个人体质不同所造成的，其实不然，问题出在食用者有无“喝酒”。

原来鬼伞属菇类一旦遇到酒精，便会产生鬼伞素，从而让食用者出现和服用一种对付酗酒者的药物——二硫龙（*Disulfiram*）类似的症状：宿醉、身体不适，有时甚至危害身体。所以这类野菇在西方又被称为“tippler’s bane（酒鬼的毒药）”。

许多种类的菇类中具有类似的现象，下次若要享用美食，奉劝各位吃菇不喝酒、喝酒不吃菇，尤其吃墨汁鬼伞时，切记绝不贪杯!

粪伞科

哇！快跑，这个野菇家族卫生习惯不太好，怎么以粪为家！这样说恐怕不太公平，因为要不是这类生物努力分解粪便、垃圾，你我出门都可能“中彩”呢！况且，粪伞科的成员中，还有些是以活树或腐木为家，超市里名列珍贵食用菇的“柳松茸”便是其一，只不过它那可爱的造型，鲜美的味道，嫩脆的口感，实在让人很难与“粪伞”联想在一起。

小档案

分布：世界广布

种类：10属338种

分类：伞菌目粪伞科 Bolbitiaceae

主图： 柱状田头菇（柳松茸）*Agrocybe cylindracea* (DC.: Fr.) Maire，菌盖 6~11cm 宽。

粪伞科多数成员以粪便或肥沃的有机质土壤为家，因而得名

质地
肉质

颜色
多样

菌盖
钟形至平展

菌环
田头菇属多有，其他属则较不明显

细看粪伞三兄弟

肉质的菇体，伞形的菌盖，中生的菌柄，黄褐至茶褐色的菌褶，是粪伞科菇类较为典型的外观特征。此外，显微镜下观察粪伞科菇类的孢子，除可见多为椭圆形、黄褐色外，还可在其顶部发现一个小洞，称之为“顶生芽孔（apical pore）”，此为孢子发芽冒出菌丝之处。

粪伞科成员全世界共有10属，其中较为知名、常见的“粪伞三兄弟”，分别是田头菇属（*Agrocybe*，约100种）、粪伞属（*Bolbitius*，约20种）与最大宗的锥盖伞属（*Conocybe*，约200种）菇类。以下提供辨识要诀，方便逐一区分、认识粪伞三兄弟的差异。

田头菇属：小至大型菇类，全株肉质，菌盖表面不具黏性，菌褶多为直生，菌柄上常可见菌环，多数种类可食。

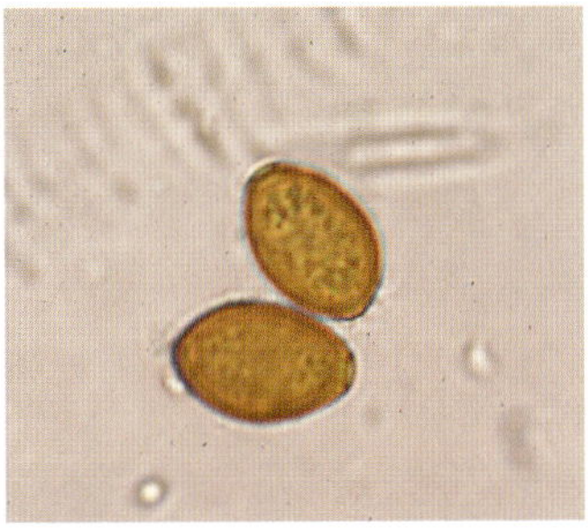

具顶生芽孔的粪伞科担孢子

田头菇外观和柱状田头菇相似，但非木生，而是属于土生性野菇

粪伞属的变色粪伞，初生时菇体呈黏湿状

粪伞属：纤细小型菇类，全株脆肉质，钟形至平展的菌盖表面具黏性，菌褶多为离生，菌柄上常无菌环，多数种类有毒。

锥盖伞属：纤细小型菇类，全株脆肉质，菌盖多为钟形，因而得名。菌盖表面具有黏性，且菌柄上常不见菌环，这两点特性和粪伞属菇类相同，但锥盖伞属的菌褶多为直生，且多数种类食性不明。

寻访粪伞的故乡

在农村，从住家庭园一直到中、高海拔森林内，都有机会与粪伞科成员相遇。不过一提到它们的栖所，大家多半会想到各种动物的排遗。当然啰，会拥有这样的称号，得归功于这个腐生菌家族的多数成员，以粪土或有机质含量高的肥沃土壤为生，属于土栖腐生菌。但是可别一概而论，其实它们之中还是有“洁身自好”者，选择腐木为家，甚至生长在活树基部，属于木栖腐生菌！

以粪伞三兄弟来说，粪伞属菇类中粪生或土生都有；田头菇属的生长习性最广，土生、木生或粪生的种类都包括了；而锥盖伞属菇类，则很少以粪为家，多数土生土长呢！

易脆锥盖伞光滑的菌柄上不见菌环

假"松茸"之名

口蘑科的松茸名号实在太过响亮，因而许多食用菇都想沾沾光，例如伞菌科的姬松茸（即为食品界的当红炸子鸡——巴西蘑菇），以及粪伞科的柳松茸也都借用了这个名号呢。

其中柳松茸的正式学名为"柱状田头菇"，是一种自古以来相当受到推崇的食用菇；它们因多簇生于杨、柳树基部，加上全株散发浓郁的松茸香气而得此名，我国曾在茶树上发现它们，所以也称"茶树菇"，此外，我国的客家族群更盛传此菇具有神奇功效，故敬称其为"神菇"。现代食品营养科学也已证实此菇营养丰富且纤维含量高，久煮也不失其脆度，是一种兼具保健和美味的食用菇类。

市售的柳松茸（茶树菇）

市售的姬松茸（巴西蘑菇）

温暖的气候，常可于住家附近的草地间，发现大量冒出的乳白锥盖伞

柳松茸在野外的模样和栽培种相差很多，常让人认不得

不过，现在市面上贩售的柳松茸多以人工栽培，与成群簇生的野生母种外观形态差之千里，一般人根本无法认出两者是同种的菇类。

草地上的不速之客

清晨雨后，在一片绿茵的草地上，常会看见有些小型菇类东一群、西一撮散布其间。细长如幸运草草茎的菌柄，小矮人圆锥帽似的菌盖，纤细的菇影随风摇曳，微柔地在你眼前晃动着；它们是一群粪伞科锥盖伞属的菇类，名为"乳白锥盖伞"，可爱的模样实在很难让人将其与粪伞联想在一起，西方根据此小巧野菇的外形和质地特色，命名为"white dunce cap（白圆锥纸帽）"，相当贴切传神呢。

因菇体质脆易断，动手采集得小心翼翼，且要注意别让小孩子放入口中，因为它们可是文献中记载的有毒菇类之一。

球盖菇科

如果你是菇类新手，切记别被球盖菇科成员滑嫩的外观给“骗”了，误以为它们个个美味好吃。殊不知这个家族里有些成员专门幻化成各种诱人的模样，令人目眩神迷，甚至夺人性命。而名字中出现“裸盖菇”3个字的，更是魔高一丈，人人避之唯恐不及的“魔菇一族”，因为一旦误食，就像吃了毒品，可会让人“求生不得、求死不能”呢。

小档案

分布：世界广布；我国多地均有分布

种类：7属328种

分类：伞菌目球盖菇科 Strophariaceae

●主图：簇生沿丝伞 *Naematoloma fasciculare* (Hudson: Fr.) Karst.，菌盖 0.5~2cm 宽。

成簇大量冒出的簇生沿丝伞味道苦涩、毒性强，一旦误食，严重可致死

颜色 多黄褐色

质地 肉质

体型 小至大型

菌盖 多呈半球形或钟形，罕贝壳形

细看球盖菇三兄弟

球盖菇科的成员外观千变万化，唯一共同的特征便是，菇体肉质，菌褶黄褐色至紫黑色，菌盖初生时多为半球形至钟形，也因此得名。

此科共有7属，其中常见有3属，而原本应为球盖菇科标记的球盖菇属（*Stropharia*）菇类，因种类太过单薄（仅约15种），所以常被毒名远播的裸盖菇属（*Psilocybe*，约60种）菇类喧宾夺主。至于种类最多的鳞伞属（*Pholiota*，约150种）菇类，则多半可食。以下提供辨识要诀，方便逐一区分、认识球盖菇三兄弟的差异。

裸盖菇属：小至中型菇类，菌盖常不具黏性，有些种类甚至触摸后会变为蓝黑色，孢子印为紫褐色，多数种类有毒。

菌盖状似栗子的近蓝盖裸盖菇，属于幻觉型毒菇

球盖菇属：中至大型菇类，菌盖常呈黏滑状，颜色较鲜艳，质脆，菌柄具有菌环，孢子印为紫褐色，多数种类可食，仅少数有毒。

黄铜绿球盖菇菌盖表面覆有黏液，此为球盖菇属的特色之一

黏盖鳞伞在气候湿润时，全株常呈黏湿状。此菇可食，味道不错

鳞伞属：小至大型菇类，菌盖表面常具黏性且覆有鳞片，因而得名；菌柄上常可见菌环，孢子印为污褐色，多数种类可食。

高海拔常见的高地鳞伞，喜欢成群生长在火烧林地的枯木上，十分奇特

寻访球盖菇的故乡

在农村，从平地到高海拔森林，都可找到球盖菇科成员的身影。它们多为腐生菌，腐木、土壤，甚至粪便，都是它们生长的温床。其中常见的鳞伞属菇类多为木生，不过多会造成树木根腐病，对树木来说可不是受欢迎的客人；球盖菇属则多为土生。至于令人害怕的裸盖菇属就像乱窜的毒虫般难以捉摸，包括了土生、木生，甚至粪生的种类。

毒霸一方的裸盖菇

裸盖菇到底有何法宝，可以在毒界称霸呢？它们属于幻觉型毒菇，在其菇体成分中含有裸盖菇素，若是误食，15 分钟至 1 小时内会出现反胃、头昏、焦虑等不适症状，紧接着还会觉得视力模糊、躁动，甚至出现幻听或攻击行为；等到前述症状逐渐减轻或消失，中毒者还是常有幻觉、头痛或疲劳的现象，毒性之强，令人生畏。

自然界中，含有此成分的菇类包括鬼伞科斑褶菇属、粪伞科锥盖伞属，以及球盖菇科球盖菇属和裸盖菇属成员，其中又以裸盖菇属菇类的含量最多，毒性也最猛烈，不过也不是所有的裸盖菇属菇类皆含有裸盖菇素。

虽说这些菇类为毒菇一族，对中南美洲墨西哥地

牛粪间偶见的古巴裸盖菇食用后精神会极度亢奋，像被施予魔力，所以英名称为“Magic Mushroom”

区的一些印第安人来说，可不是这么一回事。他们认为这些毒菇独具天神赋予的魔力，可以让人飘飘欲仙，所以将其神化，并称之为“神之肉”，在举行一些宗教仪式时，甚至会提供信徒食用，增加信徒对宗教的虔诚。

时至今日，有些“摇头族”更视这些毒菇为所谓的“摇头菇”，贪图它带来的一时虚无缥缈感，枉顾对身体造成的长期伤害。所以有些地区已将此类毒菇划归为“禁药、毒品”，加以严格管制，禁止私下流通。

无毒好吃的鳞伞

鳞伞属菇类可谓球盖菇科中的一股清流，它们多半无毒，有些种类甚至美味好吃，其中以滑鳞伞的滋味常被饕客称赞。

这种中型野菇的黄褐色菌盖黏滑滑的，在日本被称为“滑菇”，受到日本人喜爱；他们将鳞伞加在“味噌汤”里，咕噜咕噜喝起来，滑溜顺口的风味深受好评。

金毛鳞伞可供摘取食用，但不可与酒类共食

另外，此属成员金毛鳞伞和翘鳞伞也同为食用菇类，两者外观均十分亮丽，且味道也相当鲜美。不过对于喜欢在餐桌上小酌一番的人，可得对这两种菇类小心些，因为它们也同属菇酒相克一族，食用后如果又饮酒，将会出现身体不适的中毒现象。早期虽曾栽培这两类菇，但因此饮食上的限制，如今在餐桌上早已不见其踪迹了。

滑鳞伞味道鲜美，为优质的食用菇之一，现已人工栽培成功

身份鉴定小技巧

球盖菇科和粪伞科这两大野菇家族无论外形或生长环境都有些相似，所以有时容易混淆；有个分辨两者的小技巧，那就是将两者的担孢子，分别放在水溶液和氢氧化钾（KOH）溶液中观察，如在水溶液中呈紫罗兰褐色，而在KOH溶液中呈暗黄褐色，那准是球盖菇科。而粪伞科菇类在这两种溶液中均不会变色，所以很容易辨别。

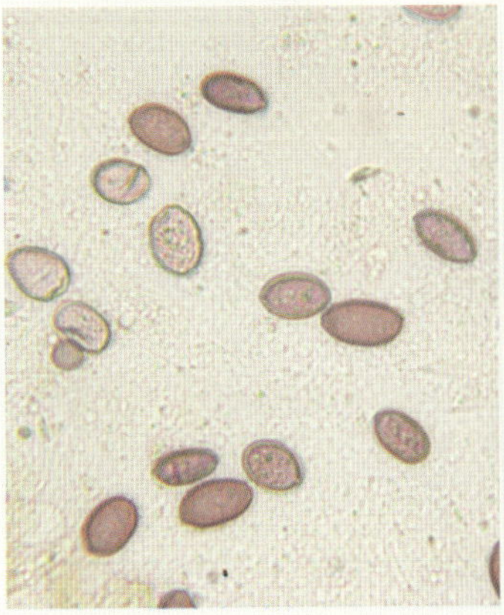

球盖菇科成员的担孢子在水溶液中呈紫罗兰褐色

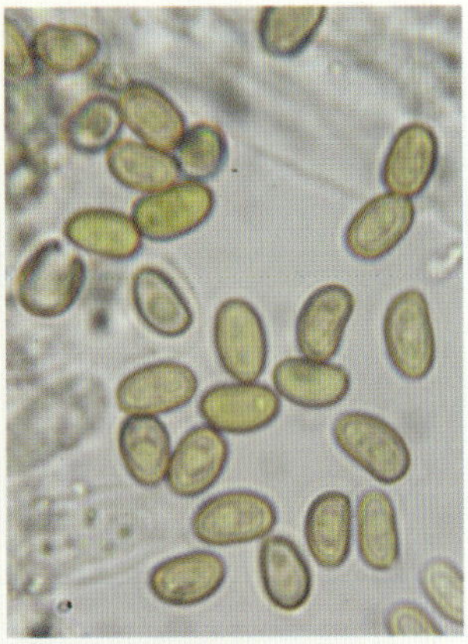

球盖菇科成员的担孢子在KOH溶液中呈暗黄褐色

丝膜菌科

丝膜菌科成员的注册商标，当然就是那如蜘蛛网状的丝膜。丝膜可是初生蕈最佳的保护网，它包覆着尚未成熟的菌褶，让里面的孢子可以顺利成熟。不过，一旦菌盖整个打开，丝膜便会剥落，残留在菌柄上，所以如果想在野外观察菌褶上完整的丝膜，就得碰碰运气了！而这个家族的成员中，就属丝膜菌属菇类最常拥有这层保护膜，也因此得名。

小档案

分布：世界广布；我国多地均有分布

种类：29属1369种

分类：伞菌目丝膜菌科 Cortinariaceae

主图：绿褐裸伞 *Gymnopilus aeruginosus* (Peck) Sing.，菌盖 2~8cm 宽。

丝膜菌属菇类初生时菌褶面多由丝膜包覆保护

体型
多中至大型

菌环
多呈丝膜状

菌柄
中生，罕偏生或无柄

褐色孢子印的伞菌大家族

丝膜菌科可是伞菌目中具有褐色孢子印的大家族，虽说种类没有口蘑科多，不过外观多样的程度可不输它们。

在农村，从平地一直到高海拔地区都可发现它们的踪迹，而各个属种的生长习性也相当不同，有些长在木头上，有些属于土生土长型，还有些甚至是共生型。以下整理丝膜菌科一些主要属种的特征，作为区别、比较的参考。

丝膜菌属（*Cortinarius*）：丝膜菌科的老大，成员最多，小至大型都有，菇体肉质紧密，菌盖多平展，有些种类的菌盖还具有黏性，菌柄基部常见膨大，且表面有丝膜状菌环残留。此属成员多为外生菌根菌，常在林地上冒出，有些种类可食，有些则具有剧毒。

菌盖黏滑的紫滑丝膜菌，为一种与壳斗科树木根部共生的外生菌根菌，偶尔可在中海拔森林内发现

黏滑菇属（*Hebeloma*）：此属丝膜菌因全株表面黏滑而得名。它们多为中型菇类，肉质紧密，菌柄上大多不具菌环，不过基部处常可见假根。此属成员多为外生菌根菌，常在林地上冒出，有些种类可食，有些则具有剧毒。

大孢黏滑菇具神经性毒素，人误食会狂笑，因而又名“笑菇”

丝盖伞属（*Inocybe*）：此属丝膜菌多为小至中型菇类，肉质稍脆，菌柄上大多没有丝膜状菌环，最特别的是，中凸的菌盖表面常布有纤维丝条，因而得名。它们分布广泛，多为外生菌根菌，

这种丝盖伞属菇类，生长在中海拔林地上，属于一种外生菌根菌

常在林地冒出，成员则多属碰不得的毒菇。

裸伞属（*Gymnopilus*）：此属丝膜菌多为中至大型菇类，肉质稍韧，菌柄上大多不具丝膜状菌环，但常布有纤维丝条。成员均为木栖腐生菌，常在腐木上冒出，其中多数具幻觉型毒素，为举世闻名的“魔菇一族”。

盔孢伞属（*Galerina*）：丝膜菌科中的一群小可爱，菇体多为小至中型，肉质稍脆，菌柄细长，大多不具丝膜状菌环，外观上常被误认为口蘑科小菇属（Mycena）的成员。只要将其放到显微镜下观察，便可发现此属丝膜菌的孢子多呈美丽的红褐色，且表面还被覆着皱褶外层膜，而小菇属的孢子多为无色且平滑。此外，此属成员多为土栖腐生菌，仅少数种类为木生性菇类，至于食性方面，大多无相关的记载。

春夏间常可在中、高海拔苔藓林地间发现的苔藓盔孢伞

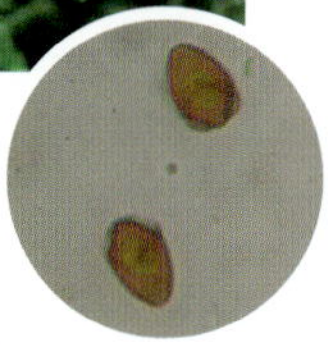

盔孢伞属成员的担孢子多呈红褐色

群生在腐木上的条缘裸伞，具幻觉型毒性

野菇大侦探

有些菇类喜欢氮肥多的生长环境，在日本还特别称这类真菌为“阿摩尼亚菌”，有些研究者甚至故意在林地洒些氮肥，借此观察阿摩尼亚菌的演化。

而这类真菌多为担子菌，仅少数为子囊菌，其中最著名的就是丝膜菌科黏滑菇属的成员。此属丝膜菌最大的特色就是菌柄下方多具假根，它们借助假根深入土壤中氮肥含量多之处吸收营养，在国外有种黏滑菇的假根甚至伸至鼹鼠巢穴中的排泄处。此外，还有种黏滑菇更令人惊奇，它们会从埋在土里的动物尸骨中冒出来，美国曾依据此种生长习性，挖出被人弃尸的尸骸，因而侦破凶杀案。

黏滑菇属菇类的菌柄下方常可见明显假根

丝膜菌的近亲——靴耳科

从外观上看，靴耳科成员大多无柄或具侧生短柄，和丝膜菌伞形柄中生的造型不同，不过因其担孢子的颜色和形态近似丝膜菌科成员，所以有人将靴耳科归入丝膜菌科。此科全世界有12属207种，靴耳属（*Crepidotus*）就是其中之一。

小至中型的个头，扇形、肉质的菇体，背面有弯生至延生的菌褶，喜生长在腐木上，属于木栖腐生菌。野外发现时常会和口蘑科亚侧耳属（*Hohenbuehelia*）菇类弄混，如果知道靴耳科褐色的孢子印，便很容易与白色孢子印的口蘑科区别开。

低、中海拔腐木上常见的软靴耳

黏滑的菇体状似果冻，因此又名“果冻靴耳”

红菇科

红菇科成员有着白皙的皮肤、婀娜多姿的身材，再搭配上色彩鲜艳的菌盖，动人的模样真叫人爱怜，堪称野菇世界的妖娇女。虽名为“红菇”，但却不一定全身红彤彤，整个家族一字排开，从标准的红，到黑、白、紫、黄、橙、褐色，甚至还有菇类少有的绿，五颜六色十分引人注目。更特别的是，这个家族还有一群成员，就像哺乳动物一样会分泌乳汁，因此被称为“乳菇”呢！

小档案

分布：世界广布；我国多地均有分布
种类：7属1275种
分类：红菇目红菇科 Russulaceae

主图：毒红菇 *Russula emetica* (Schaeff.: Fr.) S. F. Gray，菌盖 4~8cm 宽。

多汁乳菇肉质肥厚，味道鲜美，且只要稍加挤压，便会流出大量乳汁

体型

多为中、大型

菌褶

多离生至延生，常厚质，多为白色；孢子印多为白色

菌柄

中生，常为短筒状，易与菌盖分离

林地上的美丽菇族

红菇科种群庞大，全世界共有1200多种，红菇属（*Russula*）为其中最大宗，约有750种；乳菇属（*Lactarius*）居次，约有400种。其略显肥厚的菇体带点脆质，而菌盖表面鲜艳美丽的色泽，搭配白色的菌褶，看起来十分赏心悦目。

在生长习性上，此科成员多为外生菌根菌，属于土栖共生性菇类，若想探访它们，就得到林地寻觅；不过也有少数以树为家，属于木生性菇类。我国的红菇散布于各地，从平地一直到高山，均可欣赏到它们美丽的倩影。

绿红菇身上有着野菇世界中少见的绿色调

低、中海拔林地上常见的浓香乳菇，全株具香浓气味，因而得名

有着美丽紫红色泽的青黄红菇，偶尔可在中、高海拔林地上发现

菌丝异质的红菇

一般伞菌目菇类的菌盖和菌柄，都是由丝条状菌丝组成，所以摸起来有种纤维丝条的感觉。然而红菇科成员形成菌盖与菌柄的菌丝质不同，菌盖除了可见丝条状菌丝外，之间还间杂着一种称为“泡囊状细胞”的组织，所以它们的菌盖质感独特，摸起来脆脆的，而且还有粉粒状的感觉，因此被独立为红菇目。

红菇目菌盖结构

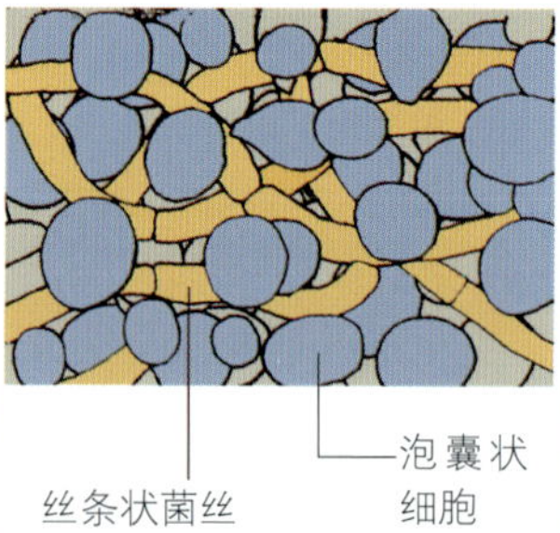

全株带有腥臭味的拟臭红菇，具有肠胃型毒性

红菇乳菇比一比

虽说只要折断菌褶，看看是否有乳汁流出，便能分辨红菇属和乳菇属菇类的真正身份。其实只要好好观察两者菌褶的差异：红菇属菇类的菌褶很少延生，多无小褶；乳菇属菇类的则多半延生且具小褶。

另在食用上，虽说两属多数种类均肉质丰嫩可食，味道酸甜苦辣都有，若是味道辛辣及气味不佳者，则要尽量避免食用。

美味红菇肉质紧脆好吃

红菇属成员菌褶不见乳汁，且少有小褶

乳菇属成员菌褶常可见乳汁流出，且多数具有小褶

乳菇“乳汁”何处来

噗！噗！野外采菇时，偶尔会被喷出的乳汁，沾满手。别担心！你可能只是碰到红菇科里的乳菇属成员罢了。

野地里，人们常被它肉质丰嫩的外表吸引，忍不住动手摘采，却因此被它“反将一军”。有些乳菇的乳汁甚至多到只要稍压菇体，就立刻从菌盖喷流而出。不过，红菇科另一个主要成员——红菇属，就不具备这个惊人的本领了。

到底这些乳汁从何而来？专家研究发现，其实所有红菇科成员的菌褶内所谓菌髓组织上，都有“乳管菌丝”，只不过红菇属的乳管菌丝并未与下面菌柄中的乳管菌丝相连，仅乳菇属有上下相连。

另外，专家还发现这些乳菇属菇类所分泌的乳汁成分含3%～5%的橡胶，但因分子链太短，无法像真正橡胶般形成较强的黏性，仅呈黏滑状。至于这些乳菇为何要产生乳汁，至今还是个未解之谜。

乳菇属菇类菌髓组织结构

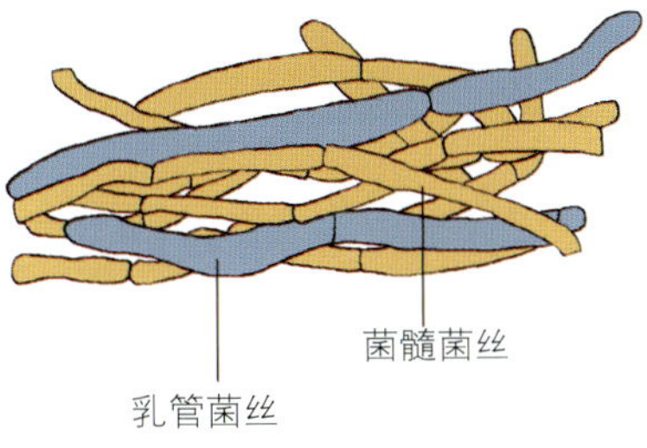

被寄生的共同宿命

你知道吗？真菌世界中除了有些真菌会以植物、昆虫为寄生的对象，有些甚至还会残害同类，例如红菇、乳菇这对姐妹花便都有个共同的宿命，那就是它们经常会遭到一些称为“菌寄生属（*Hypomyces*）”的子囊菌寄生，而这些被寄生的美丽红菇不仅面目全非，甚至无法正常发育出菌褶结构来孕育孢子，因而造成了“不孕”的悲惨后果呢。

在野外若发现这些被感染的红菇、乳菇，常可见它们的菇体呈现煮熟龙虾般的橙红色调，且全株表面一片光滑，多不见菌褶，和原本有菌褶的伞形模样差之千里。

若切开被寄生红菇的菇体，白色的菌肉搭配橙红色的外表，不知情的人还真会以为是块好吃的“龙虾肉”，因此国外戏称这类被寄生的红菇为“lobster mushroom（龙虾菇）”，堪称野菇世界一奇！

⇧被寄生而不见菌褶的红菇

侧耳科

“侧耳”是个听起来有趣却让人有些陌生的名字，仿佛形容这类野菇像人侧着耳朵在倾听的模样。不过如果把此科最出名的成员——鲍鱼菇请出来，那就不难理解为何会有这样的称谓了。原来这个家族成员的菌柄多半都长歪了，有些甚至从菌盖边缘直接侧出，加上摸起来有点肉质至革质的触感，所以不管是形状或质地，都很像侧面看到的耳朵呢！

小档案

分布：世界广布，我国多地均有分布
种类：4属105种
分类：伞菌目侧耳科 Pleurotaceae

●**主图：**侧耳（鲍鱼菇）*Pleurotus ostreatus* (Jacquin: Fr.) Kumm.，菌盖 5~10cm 宽。

侧耳为常见的食用菇，中至稍大型，因色泽和口感与珍贵食材鲍鱼相似，故俗称“鲍鱼菇”

菌褶
多延生，非离生，白色；孢子印为白色

菌柄
侧生至偏生，罕中生或无柄

名副其实的耳状菇族

中至大型的个头，侧生耳状的菇体，是侧耳科的典型外观。此外，这个家族的成员，质地也如耳朵般，坚韧有弹性，这点可是和同样具有菌褶结构、质地多为软肉质、俗称“软菇”的其他伞菌目菇类相当不同喔！

在显微镜下可见，侧耳科成员菌肉菌丝的组成构造和多数伞菌目菇类稍有不同。其中较常见的有 3 属：侧耳属（*Pleurotus*），质地可说是侧耳科中最为柔软者，它的菌肉菌丝和一般伞菌同属“单次元菌丝”，但是此属菇类的组成构造中稍含厚壁生殖菌丝，所以肉质比起一般伞菌仅含薄壁生殖菌丝较为坚韧，属于韧肉质；香菇属（*Lentinus*）及革耳属（*Panus*），质地坚韧，因为这两者的菌肉菌丝为所

革耳属菌肉菌丝结构

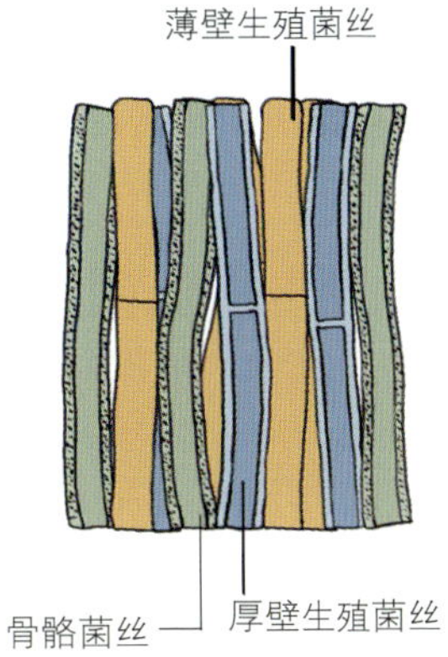

绿红菇身上有着野菇世界中少见的绿色调

菇体韧革质的褐绒革耳，全株密布绒毛，因而又被称为“绒毛香菇”

谓的“二次元菌丝”，即同时具备生殖菌丝（薄壁或厚壁生殖菌丝）与骨骼菌丝（厚壁无性菌丝），其中革耳属更因骨骼菌丝的比例较香菇属高，质地最硬，属于韧革质，而香菇属则多为韧骨质。

虎皮香菇幼嫩可食，但老熟后质地变硬，就不那么美味了

寻访侧耳的故乡

侧耳科的成员虽然不多，全世界仅105种，但它们喜欢成群结队出现，所以在野外相当引人注目。该科多数种类为木栖腐生菌，多雨季节，在森林内的一些腐木上，甚至公园、校园里都可寻得它们的踪影。有些侧耳属菇类甚至还会像覆瓦般叠生在整个腐木上，声势十分浩大呢。

覆瓦状叠生在活树枝干上的囊状侧耳

具备强大“化学武器”的鲍鱼菇

一般人都认定菇类多半为素食主义者，主要靠“吃”木头长大，但光有木头是不能满足那狼吞虎咽的鲍鱼菇的。它的菌丝可是具备了强大的“化学武器”，会分泌一种毒液，攻击、消化身旁各种微生物，小至细菌，大至线虫。微生物一旦接触到这种毒液，就会全身麻痹瘫痪，接下来鲍鱼菇的菌丝便会逐渐侵入这些“猎物”的体内，尽情吸收其中富含的养分。

不过有时遇到含有高蛋白质的猎物，如线虫，一时之间菌丝无法消受，便会稍作休养，等待细菌帮忙分解之后，菌丝才会以横扫千军之势攻入细菌菌落中，分头抢食，并彻底消灭有恩于它的细菌。

食用菇齐聚一家

侧耳科成员中多为鼎鼎大名的食用菇，它们走的是平民化的路线，容易人工栽培，所以在市场上到处可见，像亚洲人最爱的香菇，市面上常见的鲍鱼菇、秀珍菇、杏鲍菇、金顶侧耳等，都是这家子的一员。除了香菇以外，这些常见的食用菇多为侧耳属的一员，有些甚至源自同种，只是育成不同的栽培种罢了。

这些人工栽培的食用菇和野生母种在外观上通常有所差异，所以许多人即使在野外发现，也常不敢采食。以香菇来说吧，每个人说到它都能朗朗上口讲出一堆特征，到了野外却又不敢肯定，在这里告诉各位一个辨认香菇的小秘诀，那就是当菌褶成熟时，可见其褶缘呈锯齿状，这可是香菇属菇类特有的特征喔。

秀珍菇为侧耳的栽培种

早期较常用段木来栽培香菇

香菇的菌褶褶缘呈锯齿状

金顶侧耳又名黄金菇，味道鲜美且营养丰富

杏鲍菇肉质滑嫩

打雷是发菇的关键?

雷电交加，赶快准备工具，上山采菇了！最好能找到被雷劈断的木头，保准有大量香菇。其实不仅是香菇，口蘑科中美味的鸡枞也被这样传说着。这个说法是民间的经验之谈，他们认为雷公会唤醒正在睡觉的菇类，而放电作用可刺激菌丝形成菇体。其实，之后伴随而来的“雷母哭泣”——西北雨，似乎才是促使菇类大量冒出的主因，而雷击所产生的臭氧，只不过是发菇的“催化剂”罢了。

以前利用段木栽培香菇时，常有菇农拿着铁锤到处敲打段木，好使香菇快快长出，这也是循着这个传说，时至今日发菇的关键所在，仍是一个未解之谜。

裂褶菌科

这是褶菌吗？怎么菌褶边缘还开裂出小沟啊？其实这正是裂褶菌科菇类的注册商标！全世界拥有如此特殊菌褶的菇类可不多，其中山野间记录到的满覆白毛状似鸡毛掸的“裂褶菌”是其中一种。它就像个喜欢云游四海的旅客，从城区、郊区，一直到荒凉的高山中，只要有枯木存在，就有它落脚的足迹！

小档案

分布：世界广布；我国多地均有分布
种类：5属43种
分类：多孔菌目裂褶菌科 Schizophyllaceae

●主图：裂褶菌 *Schizophyllum commune* Fr.: Fr.，菌盖 1~3cm 宽。

菇少势不单的裂褶菌

裂褶菌科菇类扇形无柄的革质外观和多孔菌科菇类相似，不过它背面的子实层非孔状，而为褶状，加上厚实的菌褶褶缘纵向分裂成2或3条，因而称为“裂褶菌”，并自成一科。

此科成员并不多，全世界仅见5属43种，其中属于大型真菌者仅有1属1种，即裂褶菌，我国也有此种的发现记录。不过，此科虽然种群单薄，却靠着极强的腐生能力，散居世界各地，从平地到高海拔地区都能找到它的踪迹，且出现的频率很高，属于一种木材白腐菌，常群生于阔叶树腐木上，造成着生树木木材白化腐朽。对菇农们来说可是个不太受

褶间有横脉，褶缘钝宽，纵裂成沟形

欢迎的角色，因为利用段木栽培香菇、木耳或银耳时，裂褶菌有时会反客为主，繁殖生长的速度比起栽培菇种既快且多，有时甚至还会造成整块段木腐朽呢。

龟息延年大法

裂褶菌有一特异功能，即龟息延年大法——遇气候干燥不利生长时，菌盖可卷缩起来，菌褶裂条也向内反卷折叠，保护未成熟的孢子；逢雨湿润时，菌盖会再度舒展开来，菌褶裂条也拉直呈小沟状，让孢子继续成熟并散播。曾有研究人员将50年前的裂褶菌干标本（包括枯木）再度浸润后，发现其菌盖开展后还会产生孢子，可见它的生命力多么强大，怪不得到处都能发现它。

裂褶菌菌盖表面毛茸茸的，状似无柄的鸡毛掸，因而俗称“鸡毛菌”

令人不可置信的美味

裂褶菌的菇体小小、毛毛的，摸起来还带点韧性，一副让人难以下咽的模样，不过在云南等地，对其评价颇佳，尤其云南产的裂褶菌气香味鲜，当地称之为“白参”，据说有滋补强身的功效，当地人相当看重，甚至赢得“金不换”之称。

其实，裂褶菌幼嫩时，摘采来炒蛋或蒸蛋，既可口又有益健康。此外，专家也已实验证明此菇含有裂褶菌多糖成分，具有不错的抗癌效果；而云南民间常把此菇与鸡蛋炖熟服用，用以治疗妇科疾病。

牛肝菌科

褐色的外表，肥厚而富弹性的半球形菌盖，加上大多数种类可食，烹煮起来不管色泽、大小或质感都像块牛肝，令人垂涎三尺，也难怪此科野菇得此称谓了。它们在美食界相当引人注目，意大利名菜之一的“野蘑菇”，便常以牛肝菌科成员为主料，其中又以美味牛肝菌最受人钟爱。它属于珍贵食用菇类，在食客们的眼中可说是菇类中的极品呢！

小档案

分布：世界广布；我国多地均有分布
种类：26属415种
分类：牛肝菌目牛肝菌科 Boletaceae

主图：网状牛肝菌 *Boletus reticulatus* Schaeff.，菌盖 8~12cm 宽。

有孔没褶的美丽伞菌

乍看之下，牛肝菌科的成员和一般伞菌没什么两样，有盖也有柄，若是把菌盖翻转一看，便会发现背面并非褶状，而是像多孔菌般密布着一个个的小孔。

原来牛肝菌科菇类的子实层内部垂直排列着许多菌管（tube），这些菌管的长度、大小及形状，会随着种类的不同而有所差别；而菌管末端的孔口就是我们所看到的菌孔，有时菌孔边缘的颜色也会与菌管不同。

不过就因为菌盖背面呈多孔状，所以也常会跟一些多孔菌科菇类混淆。其实只要记住牛肝菌科菇类肉质柔软、菌柄中生的特质，加上大多数种类整个菌管的构造易与菌盖分离；相对的，多孔菌科的菇体多半坚硬，菌柄侧生或无柄，且菌管多半不易与菌盖分离，就可以将两者区分开了。

牛肝菌的子实层是由许多菌管垂直排列聚合组成，和一般伞菌的褶状子实层不同

颜色
多为褐色，有些相当鲜艳

菌孔
多凹生、直生，圆形至角形，白色、黄色至红色，有些种类一旦刮伤，会变为蓝黑色；孢子印为淡米黄色至褐色

典型的伞菌，子实层多呈褶状，归为褶菌类

典型的多孔菌虽也具菌孔，但菇体多半侧生呈扇形，且质地较硬

伞形的软质菇体，却不见菌褶，是牛肝菌科与其他伞菌最大的不同

与树依存的土栖共生菌

牛肝菌科分支众多，共可分为26属，它们散居在平地至高海拔的森林之中。虽然这些属种间外表各异，却有个共同的特性，那就是全部牛肝菌科成员均为土栖菌，且多数为外生菌根菌。而这些共生的种类中，有的甚至从一而终、至死不渝，只会出现于特定的树种附近林地上，如乳牛肝菌属（*Suillus*）菇类大多对松树情有独钟，不管高山、平地，唯有松树生长的地方，才有机会发现它们的踪迹。

此外，在牛肝菌科生长的林地上，有时还能同时发现鹅膏科与红菇科菇类。原来这三者号称“外生菌根菌三雄”，它们常在林地上你争我夺抢地盘，当中有时还掺杂着口蘑属、蜡蘑属、丝膜菌属、鸡油菌属、硬皮马勃属等一些菇类“小诸侯”。

有趣的是，大部分的宿主植物（如壳斗科或松科树木）并不那么专情，而是经常同时拥有多种外生菌根菌与其共生，有的还会随着树木生长不时更换共生的伴侣。所以长期观察同一生育地时，若发现有多种外生菌

点柄乳牛肝菌专与松树共生，常可于郊山松林地上发现

根菌轮番上阵就不足为奇了。几年记录下来，甚至还可能掌握这个生育地动态平衡的规律：什么月份哪种菇类先出现，接着轮到谁上场，一年之中有的出现一次或多次，或几年才出现一次。

喜与壳斗科树木共生的兄弟——牛肝菌，常成群出现在郊外林地上

名副其实的美味牛肝菌

牛肝菌科除少数菇体受伤会变蓝黑色，或孔口红色的种类具有毒性，或因味苦难吃而不被食用外，多数种类可供食用，有些甚至是食客口中赞不绝口的美味。

欧美地区的人们常将去柄只剩菌盖的新鲜牛肝菌，横划几刀直接烧烤，肥厚的菇体烤后看起来就像刚出炉的面包，香气四溢，让人垂涎三尺；此外，也有人将牛肝菌干燥保存，等要使用时再泡水软化，用来拌炒肉类、海鲜，或是熬煮高汤，滋味相当丰富鲜美。

其中美味牛肝菌更如其名般，勇夺牛肝菌中美味之冠，此菇蒸、炒、煮、凉拌都适宜，味道鲜美清爽，有股山野清香的滋味，十分受欢迎。中、高海拔的林地中偶尔可见网状牛肝菌、褐环乳牛肝菌，它们的风味与美味牛肝菌相比虽略逊一筹，却也同列为世界著名的食用菇，深受许多美食家的好评。

网状牛肝菌肥厚的菌肉，带点坚果味，味道广受好评

褐环乳牛肝菌的初生蕈油炸后，十分美味

牛肝菌的近亲——松塔牛肝菌科

松塔牛肝菌科（Strobilomycetaceae）是从牛肝菌科分家出来的小家族，全世界只有 64 个成员，外观与生长习性均和本家相像，不过其担孢子表面多半具有小瘤、纵纹或网棱，和牛肝菌科多半平滑不见纹路相异，这是让它们独立成科的主要原因。人们常问这个野菇家族为何取名为“松塔牛肝菌”，这是因为它们有些成员菇体为黑褐色，且菌盖表面密生大刺翘鳞，侧面看来，像是松果绽开如塔状的模样。

造型奇特的松塔牛肝菌

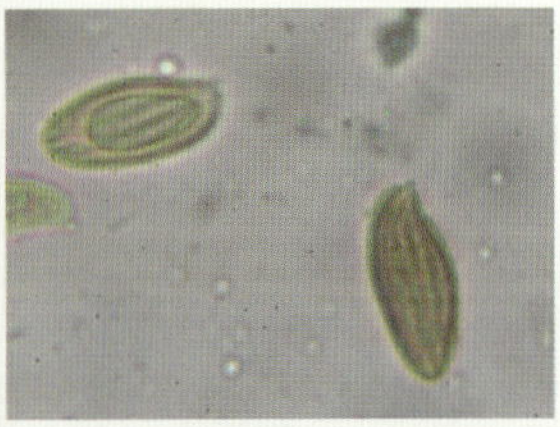
松塔牛肝菌科成员的担孢子表面具明显条纹

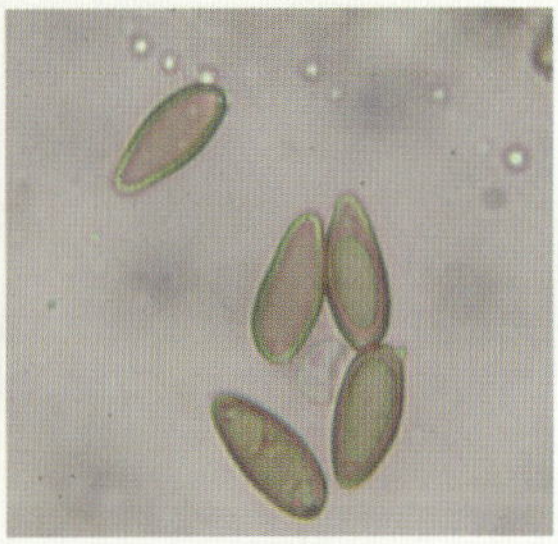
牛肝菌科成员的担孢子表面光滑

灵芝科

灵芝科菇类中，有个富有传奇色彩的名角——灵芝。它在我国医学上地位崇高，自古以来便常与延年益寿、能治百病画上等号，因而被人们尊称为仙草、瑞草，甚至被当成长生不老的灵药，历代许多君王因恋栈皇位、渴求长生不老，费尽心血四处搜寻生长于山野中的灵芝，传说秦始皇派了五百童男童女前往蓬莱仙岛，采摘的仙丹灵药就是灵芝呢。

小档案

分布：世界广布；我国多地均有分布

种类：约 5 属 200 种

分类：多孔菌目灵芝科 Ganodermataceae

主图：灵芝 *Ganoderma lucidum* (Leys. ex Fr.) Karst.，菌盖 3~15cm 宽。

此张古图中，这位身负竹笈、行于山野间寻得灵芝者，一般认为应是神农氏

野菇长寿族

粗厚、近半圆形的木质外表，是灵芝科菇类最大的特色。它们属于非褶菌类，所以背面不具菌褶，只见密密麻麻的菌孔，而菌孔的大小、数量则依种类而异。

此外，灵芝科的成员普遍较为“长寿”，它们依生长期长短不同，可分成一年生及多年生两类。

外观上，一年生灵芝的菌盖表面大多具光亮蜡壳且质地多为木栓质；此外，生长在树木根部及树干基部的菇体大多有菌柄，但生长在离地较远的树干上者则多不见菌柄。一年生种类中常见且具代表性的种类为灵芝。

相对的，多年生灵芝的菌盖表面大多不具光亮蜡壳且质地大多更坚硬呈木

小个头的喜热灵芝属于一年生灵芝，常寄生在郊外竹林的竹子基部，造成竹子枯死

颜色
黄色、黄褐色、红褐色、紫色、黑褐色至黑色均有

菌孔
小而密，乳白色、淡黄色、赭石色至暗褐色都有；孢子印为黄褐色至咖啡色

热带灵芝属于一年生灵芝，常可在相思树干基部发现群生的菇体

⇧多年生的南方灵芝，菌盖最大达50cm以上，表面不具光亮蜡质

质；此外，这类硬菇大多从树干直接长出，少数具有菌柄，远看就像树木长出舌头，因此又被称为“树舌”，且因体型较大，可供野生动物栖息，民间更俗称其为“猴板凳”。其中灵芝属的南方灵芝便是多年生灵芝的代表。

在野外观察这些灵芝时，常可发现一到秋冬，一年生灵芝便因遭到虫蚀而腐败；然而多年生灵芝虽停止生长却不会腐败，且来年春、夏时又可持续生长，有些甚至可长至直径1m以上的大小。多年生灵芝的生长期长短与其着生的木材大小有关，越大的木材可供它利用的养分越多，生长期就越长，数十年的多年生灵芝在野外不难看到，至于千年的灵芝，似乎没人真正看过，或许只是神话中夸大的形容吧！

老树的隐形杀手

各个海拔的地区均可找到灵芝科菇类的踪迹，其中以低海拔山区最为常见。此科成员多属木栖腐生菌，主要生长在活树的根部、树干基部，也常可在腐木上发现。甚至其中少数种类具病原性，会引起树木的根茎腐病，一般视为吉祥幸运象征的灵芝，对老树可就不是个受欢迎的住客了。原来，一旦树头或根部被灵芝进驻，灵芝将会侵入危害老树的根部，腐蚀根部及树干基部的木材组织，因而失去支撑力量，一旦遇强风或强震袭击，便很容易倒伏。此外，灵芝还会缓慢危害树木的输导组织，导致树木慢性衰败，真可谓老树们避之唯恐不及的隐形杀手。

⇨被灵芝寄生的树易风倒与风折

紫芝与赤芝

我国古老药籍《神农本草经》中列的灵芝类中药有紫芝、赤芝、青芝、黄芝、白芝、黑芝6种，近代可见则多为紫芝、赤芝两种。如灵芝科灵芝属（*Ganoderma*）菇类菌盖表面具光亮蜡壳的种类中，便可依其菌盖颜色分成两大群，菌盖紫色系称为“紫芝”，菌盖砖红色系则称为“赤芝”。灵芝、热带灵芝、韦伯灵芝和喜热灵芝等便属于此类。

菌盖紫色调的狭长孢灵芝属于紫芝的一种

菌盖砖红色调的韦伯灵芝属于赤芝的一种

传说不老的仙丹灵药

传说灵芝具有起死回生、长生不老的神奇药效，而《白蛇传》中的白娘子为了救被自己现出蛇形吓死的夫君许仙，远道至峨眉山盗取的仙草便是灵芝呢。此外，早在东汉时期的药典古籍《神农本草经》便已将灵芝列为上品，视其为滋补强壮、扶正固本、延年益寿及松弛身心的珍贵药材；明朝李时珍的《本草纲目》中则称其“久食轻身不老，延年神仙”。

以近代科学来看，灵芝并不是能治百病的仙丹灵药，但确实对健康有正面的效果，此因灵芝含有机锗、多糖体及三帖类等成分，可以提升免疫力及其他生理机能。一般泛指的灵芝种类繁多，其中有多种灵芝已被应用制成保健食品，虽未证实哪种灵芝最有效，但至少都没有明显的负面作用。

目前灵芝已经人工栽培成功，从接种到采收需4～5个月，所以价格上也实惠不少，可说是灵芝喜好者的一大福音！

进化的真菌

灵芝科菇类在演化的地位上，因其担孢子具双层保护壁，外壁无色、薄壁，内壁多为黄褐色，多数种类具有疣状小刺生长在内外壁间，十分特殊，因而被真菌专家认为是比一般只有单层壁的原始菌类更为进化的真菌生物。

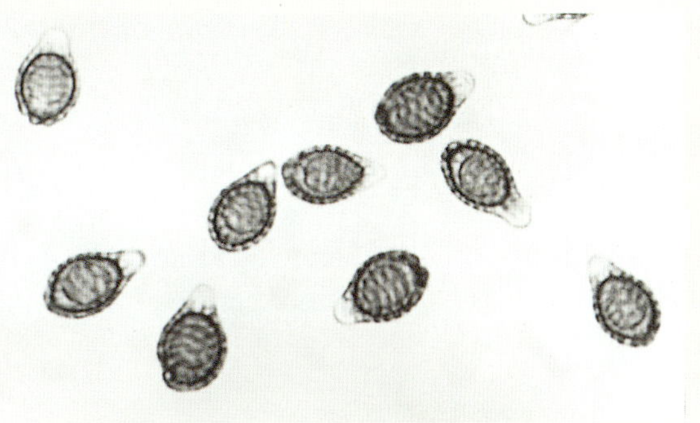

具双层孢子壁的灵芝科菇类担孢子

多孔菌科

小档案

分布：世界广布；全国多地均有分布

种类：约 130 属 1200 种

分类：多孔菌目多孔菌科 Polyporaceae

若说口蘑科菇类为软菇中势力最大的一族，那么多孔菌科菇类便是领军硬菇的龙头老大了。菌盖背面密生菌孔，是这个家族最重要的识别特征，也因而得名。不过此科众多成员在外观上可是各具特色，有的甚至像地衣般平伏贴生在腐木上，让人猜不透它的身份。而当今炙手可热的保健名品——牛樟芝，虽然号称“灵芝之王”，却不属于灵芝科，而是多孔菌科的一员呢！

主图：粗毛拟革盖菌 *Coriolopsis aspera* (Jungh.) Teng，菌盖 4~10cm 宽。

扇形无柄的造型，孔状的子实层是多孔菌科菇类典型的特征

木生性的孔状硬菇

大多数多孔菌科成员的菌肉是由多种菌丝彼此交错组成，整个组织因而更加巩固，所以质地坚韧便成了此科的特色之一，俗称“硬菇”的种类中，它们占了相当高的比例。

另外，外观上多孔菌科成员有的状似灵芝，有的像伞菌般有柄又有盖，有的平伏贴生不见菌盖，有的甚至多个菌盖聚生成绣球花状，形态十分多样。只要翻开菌盖背面瞧瞧，孔状的子实层可是这个家族的注册商标，只是菌孔的大小和形状会依种类不同出现许多的变异，从典型的圆形、多角形到不规则形、迷宫状、齿状，甚至褶状都有。

在山野之中，想要找到

伞菌状的黄柄小孔菌

绣球花状的榛色地花菌

颜色
多样，主要有白色、黄色、黄褐色、红色、黑褐色及黑色

体型
中至大型

质地
革质、木栓质至木质，罕肉质

平伏贴生状的明亮松氏孔菌

菌孔迷宫状的褐伞残孔菌

菌孔齿状的乳白耙菌

多孔菌科菇类并不困难，这是因为它们成员众多，菇体寿命也较一般软菇长，短则数周，多达数年，所以几乎在各个海拔的森林内，或是公园、校园、路旁，都很容易与它们相遇。

此科成员多为木栖腐生菌，最常见于腐木、树头及枯枝上，仅有少数种类生长在活树树干基部或根部，对活树具有病原性，属于所谓的木栖寄生菌。

有褶无孔的多孔菌——褶孔菌属

早期的大型真菌分类多以菇体质地及子实层形态为依据，将具有革质至木质菇体、子实层孔状者都归为多孔菌科。

近代的分类学家则改以细微特征为主，外观形态为辅，但仍延用部分传统的分类科名。所以，多孔菌科的大多种类均具有菌孔，但也有部分种类不具菌孔。其中以褶孔菌属（*Lenzites*）菇类最为尴尬，因为它们具有典型褶状的子实层，理应放在褶菌类，却因细微特征与多孔菌科相当吻合且质地较坚韧，而被归在多孔菌科。其实菇类的分类中存在一些类似的现象，如褶菌类中也有子实层为多孔状的种类，还好这些例外的菇种并不多，只要多累积些经验，就可以慢慢克服辨识上的困难了。

野菇世界的新兵——相邻小孔菌

最常见的多孔菌——相邻小孔菌，仅分布于古热带地区，包括亚洲、非洲等热带地区，多见于低、中海拔的阔叶林中。

虽然此菇为古热带地区普遍物种，但却未在气候条件相似的美洲热带地区出现。因此，真菌专家相信，它应是在美洲与非洲大陆板块分离后才完成演化的，属于较新演化的菇种。而它

菌孔褶状的褶孔菌属菇类

相邻小孔菌为优势的多孔菌科成员

之所以成为热带地区的优势种，最主要是因它相当能适应干燥的气候条件。

国宝级菇类——牛樟芝

如果说人参、貂皮、乌拉草是东北三宝，那牛樟芝便可谓享誉世界的国宝级菇类，加上其菇体初生时呈鲜艳血红或橙红色，更得享“红宝石”之称。此菇属于多孔菌科，正式学名为“樟薄孔菌 *Antrodia cinnamomea* T. T. Chang & W. N. Chou”，仅可在中国台湾天然林一种特有树种牛樟的腐朽心材内发现，也因而得名。全株尝起来有种特殊的苦味，民间传说可以强肝解毒，甚至抗癌，据说效果很好。不过因野外数量不多，再者民间需求有增无减，导致价位居高不下，有时市价甚至比冬虫夏草还昂贵，称得上全世界最贵的菇类，也因此常为“山老鼠”（盗林者）盗采的目标之一。

牛樟芝初生时菇体平伏颜色鲜艳

如果想减少牛樟芝价格居高不下及盗采的压力，唯有成功栽培菇体一途。目前已有人工成功栽培出的菇体，如此一来除了能供应市场需求外，还能为天然牛樟芝留下生路。

食用保健两相宜——灰树花

灰树花这种外观似绣球花的多孔菌科成员，相传十分美味，在日本若有人在野外发现，常会高兴得手舞足蹈，因此又称为“舞茸”。不过，也有一种说法是，人们因其外观状似花瓣迎风飞舞，而取此名。

此菇主要生长在温带地区腐朽阔叶树的树干基部，数量相当稀少，偶见于中海拔的阔叶林内枯死树木的树头上。

灰树花除可食用外，其实还具抗癌及抗病毒的功效，因此近年来相当受到国际生物医学界的重视，而且截至目前已有研究证实，此菇含有的多糖体成分对于恶性肿瘤的疗效不错，在日本甚至已经将其开发成治疗癌症的药物；此外，还有研究证实，此菇的提取物在治疗艾滋病上也有不错的疗效。

不过，自然界如此稀少的野生灰树花，如何应付得了大量的市场需求？还好已经人工栽培成功，所以现在想要享用这种食用保健两相宜的菇类，也就不再那么困难了。

中海拔阔叶林内偶见的灰树花

多孔菌类比一比

非褶菌类中，除了多孔
科外，还有一些科属的子实
也呈多孔状，其中又以灵芝科

科（属）名	质地
多孔菌科	革质、木栓
灵芝科	木栓质至木
刺革菌科	革质、木栓
牛肝菌科	软肉质
松塔牛肝菌科	软肉质
牛排菌科	软肉质
明目耳科	木栓质
口蘑科 胶孔菌属	软胶质
口蘑科 网孔菌属	软肉质
口蘑科 丛伞丝 牛肝菌属	软肉质

刺革菌科、牛肝菌科及松塔牛肝菌科菇类的种数较多，而牛排菌科（Fistulinaceae）、明目耳科（Hyaloriaceae）菇类的种数较少，多只有 1 属，甚至只有 1 种。

另外，褶菌类的口蘑科菇类虽然菇体多肉质，但其中也有少数属种的子实层为多孔状，如胶孔菌属（*Favolaschia*）、网孔菌属（*Dictyopanus*）和丛伞丝牛肝菌属（*Filoboletus*）等，十分独特。

以下是一些较常见的多孔菌类的比较简表，方便大家野外观察时快速判断归类。

颜色	生长习性	外型
多样	木生性	多样
灰、红褐、紫黑、黑	木生性	多具光亮蜡壳
黄褐	木生性	多样，滴上 KOH 溶液后呈黑色
黄、黄褐、红、白	土生性（共生）	伞形，有菌柄
黄、红、黑	土生性（共生）	伞形，有菌柄
肝红	木生性	近圆形，无柄
白灰	木生性	无柄，菌孔很大
白	木生性	近圆形，无柄
乳白、淡黄褐	木生性	近圆形，无柄，菇体小于 0.5cm
白灰	木生性	伞形，有菌柄

多孔菌科

灵芝科

刺革菌科

牛肝菌科

松塔牛肝菌科

牛排菌科

明目耳科

胶孔菌属

网孔菌属

丛伞丝牛肝菌属

齿菌科

小档案

分布：世界广布；常出现在中、高海拔的森林内

种类：9属 137种

分类：非褶菌目齿菌科 Hydnaceae

齿菌科的成员不仅有“齿”，而且还密密麻麻地长在子实层表面，常让人眼睛一亮，以为采到了什么怪菇！其实，野菇世界中还有几科也是这副模样的，它们因此被归为“齿菌类”，例如外观状似掏耳朵专用耳匙的耳匙菌科，以及名列四大名菜之一的“猴头菇”所属的猴头菇科，其中猴头菇的齿针长得如老人胡须呢！

● **主图：** 卷缘齿菌 *Hydnum repandum* L.: Fr.，菌盖 2.5~3.5cm 宽。

齿菌科菌盖背面密生齿针，因而得名

密生齿针的独特伞菌

齿菌科成员外观上和一般伞菌相近，多半具有菌盖和菌柄，只有少数种类不具菌柄，甚至平伏贴生；不过它们的子实层可是相当特别，并非一般褶状或孔状，而为齿针状或刺状，因此不管中文或英文均称其为“齿菌（teeth fungi）”。

在野外，各个海拔地区都可发现齿菌科的踪迹，不过以中、高海拔的森林内更为常见。此科成员多为腐生菌，有些为土栖腐生，有些则为木栖腐生，只有少数种类是共生性的外生菌根菌，可在某些树木根部附近的林地上发现，如在高山松林地上发现翘鳞肉齿菌。

质地
肉质、软骨质至硬革质均有

菌盖
多平展，少数为扇形或平伏贴生状

子实层
齿针状、刺状或疣状，白色或棕色；孢子印为白色

夏季高山上偶见的翘鳞肉齿菌，喜与松树共生，背面密生的齿针有时可见延生至菌柄

生长在低、中海拔的阔叶树腐木上的橙黄齿耳，外表鲜艳引人

齿菌三族比一比

除了齿菌科菇类之外，猴头菇科（Hericiaceae）和耳匙菌科菇类（Auriscalpiaceae）也因子实层呈齿针状，而被归为齿菌类，号称“齿菌三族”。以下详述这三大有齿家族主要的差异，方便对照比较。

齿菌科：小至大型都有，菌盖大多平展，大多有菌柄，子实层呈齿针状，多数种类可食，味道鲜美或具苦味。

猴头菇科：中至大型，菌盖大多为扁球形至头状，菌柄大多短或无，子实层呈长针刺至珊瑚分支状，多数种类可食，味道鲜美。全世界有 5 属 19 种。其中猴头菇是齿菌三族中最出名的食用菇类，自古以来它就和燕窝、熊掌、海参并称“四大名菜”，而有“山珍猴头，海味燕窝”一说，可见早年猴头菇是多么珍贵的食材。时至今日，因为已经大量栽培，所以一般百姓几乎不论何时都能吃到新鲜的猴头菇了。

食用此菇据说可改善消化不良、胃溃疡、高血压等病症。不过采食猴头菇最大的问题是保存不易，而干燥后再煮食则会出现苦味，所以常用作药膳食材。

此外，还发现另一种猴头菇——分枝猴头菇，其齿针不像传统的猴头菇为长针状而是如珊瑚分支状，十分特别。此菇也为可食用菇，但味道、肉质均比不上猴头菇。

耳匙菌科：小至中型，菇体伞形至耳匙形，菌盖表面覆有绒毛，菌柄多有，子实层呈齿针状至短锥形；虽可食，但因菇体较小且硬韧，食用价值不高。全世界有 5 属 37 种。

值得一提的是，耳匙菌科野菇除了外形与其他齿菌二族有所差异外，其特殊的生长习性也是辨识的秘诀之一。耳匙菌科的成员专挑松林下腐烂的球果为家。此外，口蘑科的小孢菌、大囊松果菌、可食松果菌也喜欢生长在腐

⇧齿菌科野菇多数有着典型伞菌的外观

⇧春、冬两季，单生于中海拔阔叶林腐干上的野生猴头菇，为一种著名的食用菇，幼嫩可食

⇧分枝猴头菇的齿针形如珊瑚

◇子实层呈齿针状的鲑贝革盖菌，属于多孔菌科的一员

◇子实层呈齿针状的棉瑚针菌，属于皮革菌科的一员

◇子实层呈齿针状的虎掌假齿耳，属于胶耳科的一员

烂的松科球果上，但其中以耳匙菌科的耳匙菌最易辨识：近圆形至心形的革质菌盖，表面被覆棕褐色毛，齿针状至短锥形的子实层，偏生的菌柄，看起来像掏耳朵专用的耳匙，因而得名。

其实除了齿菌三族之外，野菇世界中还有许多“有齿之徒”，例如多孔菌科中的鲑贝革盖菌、乳白耙菌，皮革菌科中的棉瑚针菌、豆生伪壶担菌，以及胶耳科的虎掌假齿耳，这些也是常见的子实层呈齿针状的野菇。

至于为何这些野菇的子实层非孔状也非褶状，而呈齿针状呢？关于这个问题，一般真菌专家都认为齿针状的子实层结构，可以提供较多的孢子着生面积，而着生的孢子增多了，生存的机会相对也会提高许多。

◇口蘑科的小孢菌和耳匙菌科野菇一样，也是喜以松科球果为家的腐生野菇

◇自腐烂松果长出的耳匙菌，又名“松果齿菌”。春暖花开时，偶见散生于低海拔的松林地

皮革菌科

以树木为家的皮革菌科菇类，堪称“怪菇一族”，它们有着皮革般坚韧的质地，多数成员没有一般菇类典型的菌盖，不具菌褶或菌孔，乍看之下就像一张摊在树干上的光滑皮革。说它是菇，往往让人摸不着头绪，还有人因此戏称它们为“膏药菌”呢。不过，只要在显微镜下观察它们的菌丝结构，它们真正的身份便无所遁形了。

小档案

分布：世界广布；我国多地均有分布

种类：约60属400种

分类：非褶菌目皮革菌科 Corticiaceae

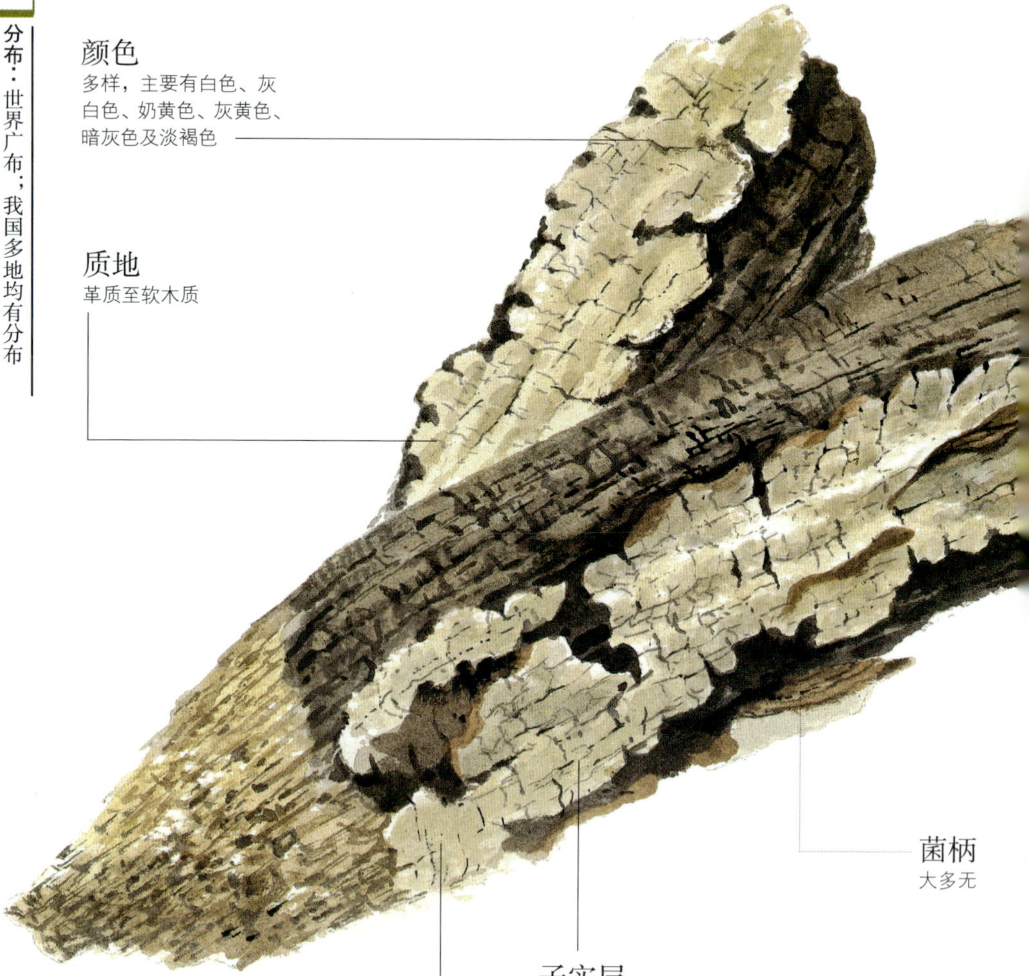

●**主图：**亚盖趋木菌 *Xylobolus subpileatus* (Berk. et Curt.) Boidin，单一菌盖 2~4cm 宽。

有些皮革菌科的成员初生时常平伏贴生在腐木上，之后逐渐反卷形成一个个吊钟状的小菌盖

森林腐木上的平伏菇族

没有菌盖，革质的菇体平伏贴生，子实层非褶状也非孔状，而是多数光滑，少数呈褶皱状、齿状、颗粒状或瘤状的独特模样，这便是皮革菌科成员给人的一般印象。不过这个家族中，也有少数种类长出菌盖，如低、中海拔地区十分常见的蠔韧革菌，便是皮革菌科中的特例之一。这种中型的皮革菌，虽然有着明显的扇形菌盖，不过还是保留了皮革菌科平滑子实层的传统，远望就像腐木上飘着的花瓣，十分美丽。

在野外，皮革菌科的成员也不算少，它们散布于各海拔地区，就连公园、校园或近郊森林内，也很常看见它们。此科成员多为木栖腐

菇体平伏、表面平滑的年趋木菌，为皮革菌科的一员

棉瑚针菌具有皮革菌科不具菌盖和菌柄的特征，但其子实层却呈齿针状，十分奇特

蚝韧革菌为低、中海拔的阔叶树腐木上十分常见的一种中型皮革菌

这种中小型皮革菌，常大面积覆盖在低海拔阔叶树腐木上，远看像是树木镶了金丝，因而称为“金丝趋木菌”

生菌，常可在腐木及枯枝表面看见一大片平伏贴生的菇体，或是反卷形成菌盖的群生菇体，而其中少数种类对活树具有病原性，严重的话可能造成树木根茎腐朽而死亡，属于木栖寄生菌。

具有拟菌孔的皮革菌——胶质干朽菌

皮革菌科菇类的子实层大多较平滑，但是有些皮革菌科成员的子实层却像多孔菌科平伏形的菇体般有着看似菌孔的结构，如春至秋间偶见于中海拔的森林腐木上的胶质干朽菌，它们初生时子实层较平滑，但随着菇体成熟，便逐渐变成网孔状。

不过只要仔细观察这片平伏菇体，便可发现这些网孔并非典型的菌孔，只能说其是不规则的多角形凹洞形成拟菌孔状的网孔罢了。

胶质干朽菌的子实层皱缩如肠肚般，是它主要的特色

连神木都怕的寄生菌

全世界桧木有5种，如黄桧、红桧，它们贵为神木级树木，木材不容易腐朽及虫蛀，被列为针叶树的一级木，是相当优良的家具原材。

不过这样优质的木材也并非是金刚不坏之身，一旦碰上了皮革菌科的柏克来绒柄革菌以及木齿菌科（Echino-dontiaceae）的紫杉木齿菌就没辙了。因为这两者均为木栖寄生菌，前者不但会导致黄桧木材腐朽，还会让腐朽的木材化为褐色。至于后者则专挑红桧寄生，造成红桧木材腐朽呈莲藕般的孔洞。

在野外如果不靠果实帮忙，其实很难区辨出红桧和黄桧这两种树种，不过柏克来绒柄革菌和紫杉木齿菌却没有这方面的困扰，它们永远都能丝毫不差地找对寄主。

黄桧树干上常见的柏克来绒柄革菌，菇体平伏贴生，不形成菌盖

豆生伪壶担菌这种平伏贴生的皮革菌具病原性，为引起银合欢紫衣菌根茎腐病的元凶

红桧木材的主要褐腐菌——紫杉木齿菌

此外，皮革菌科中还有一些种类没有形成菇体，环境湿度增高时，会大面积增生覆盖在树干上，远望就像平铺在树木上的布料，相当引人注目，其中以俗称“紫衣菌”的豆生伪壶担菌以及赤衣菌最常见。

不要以为这些“布料”可以增添树木的风采，其实它们都是属于树木病原菌，常会造成这些树木的主干或枝条腐朽坏死，甚至引起根茎腐病。

赤衣菌这种平伏贴生的皮革菌具病原性，主要危害树木的枝条和主干

柄杯菌科

来到低海拔森林，有时在一些腐木上可以找到柄杯菌科的成员，仔细一瞧，侧生的菌柄，配上漏斗形或扇形的菌盖，看起来有几分高脚杯的模样，因而得名。不过翻开背面，似褶非褶的模样，却总让人疑惑，这到底是什么菇啊？原来，它们是皮革菌科的近亲，革质的外表同样不见典型的菌褶或菌孔，其中以“片状波边革菌”最为常见且具代表性。

小档案

分布：世界广布；常出现在低海拔的阔叶林内

种类：10属60多种

分类：非褶菌目柄杯菌科 Podoscyphaceae

波边革菌属柄杯菌，其扇形菇体背面具有辐射状褶棱，整体造型常让发现者惊叹不已

●**主图：**片状波边革菌 *Cymatoderma lamellatum* (Berk. et Curt.) Reid，菌盖 10~20cm 宽。

优雅波边革菌有着灰白色、橙褐色相间的美丽纹路，且菌柄也是3种柄杯菌中最为明显的

肉桂色的外表，不明显的菌柄，加上背面密布的叶脉状褶棱，让树枝状波边革菌看似枯叶

子实层凹凸不平的有柄扇菇

全世界柄杯菌科菇类的种数并不多，扇形或漏斗形的菌盖，平滑至有辐射状褶棱或小疣的子实层，具侧生菌柄的菇体，是它们共同的特征。

柄杯菌同属波边革菌属（*Cymatoderma*），外观上相去不远，扇形的菌盖边缘均呈波浪状，不过在体型大小上，以片状波边革菌最大，菌盖宽达20cm，优雅波边革菌居中，菌盖宽7～11cm，而树枝状波边革菌最小，菌盖仅宽3～6cm。

若想在野外观察柄杯菌，就得到郊山林地内的腐木上找找，幸运的话，也许有机会遇见这群木栖腐生菌的野菇家族。此科成员的平均寿命可达数周，所以在野外不难观察。而波边革菌属菇类，则主要群生在多年生的阔叶树腐木上，有时甚至多个菇体聚合成一大片，它们会让腐木白化腐朽，所以也被称为“木材白腐菌”。

热带地区的菇属——波边革菌属

柄杯菌科菇类普遍分布在世界各地，不过唯独波边革菌属菇类，仅分布于热带地区。

中国因地处亚热带与热带交界的地区，也有发现柄杯菌科波边革菌属菇类的踪迹，由此可以推论，某些菇类在环境的生长条件上有其特定要求。

黄藤枯干上的常客——树枝状波边革菌

黄藤为一种多年生藤类植物，其主干木质化的程度不是很完全，因此罕见有木材腐朽菌生长其上。但在枯死黄藤的主干上，却常可发现树枝状波边革菌，而此菇并未在其他相似树种的腐干上发现，由此推论黄藤与树枝状波边革菌之间有着长期演化上的相关性。

黄藤为低海拔山区的棕榈科植物

刺革菌科

刺革菌科野菇的“刺”不但不会扎人，而且得用显微镜才能看得仔细！原来这类质地坚硬如皮革般的菇类，在显微镜下常可看见子实层间密生的黑褐色刚毛，相当特别，因而得名。这个家族中，有些成员可是森林树木唯恐避之不及的隐形杀手，其中又以有害木层孔菌危害最大，低海拔木本植物根部病害，有五成左右都可归罪于它们喔。

小档案

分布：世界广布；我国多地均有分布

种类：约 23 属 400 种

分类：刺革菌目刺革菌科 Hymenochaetaceae

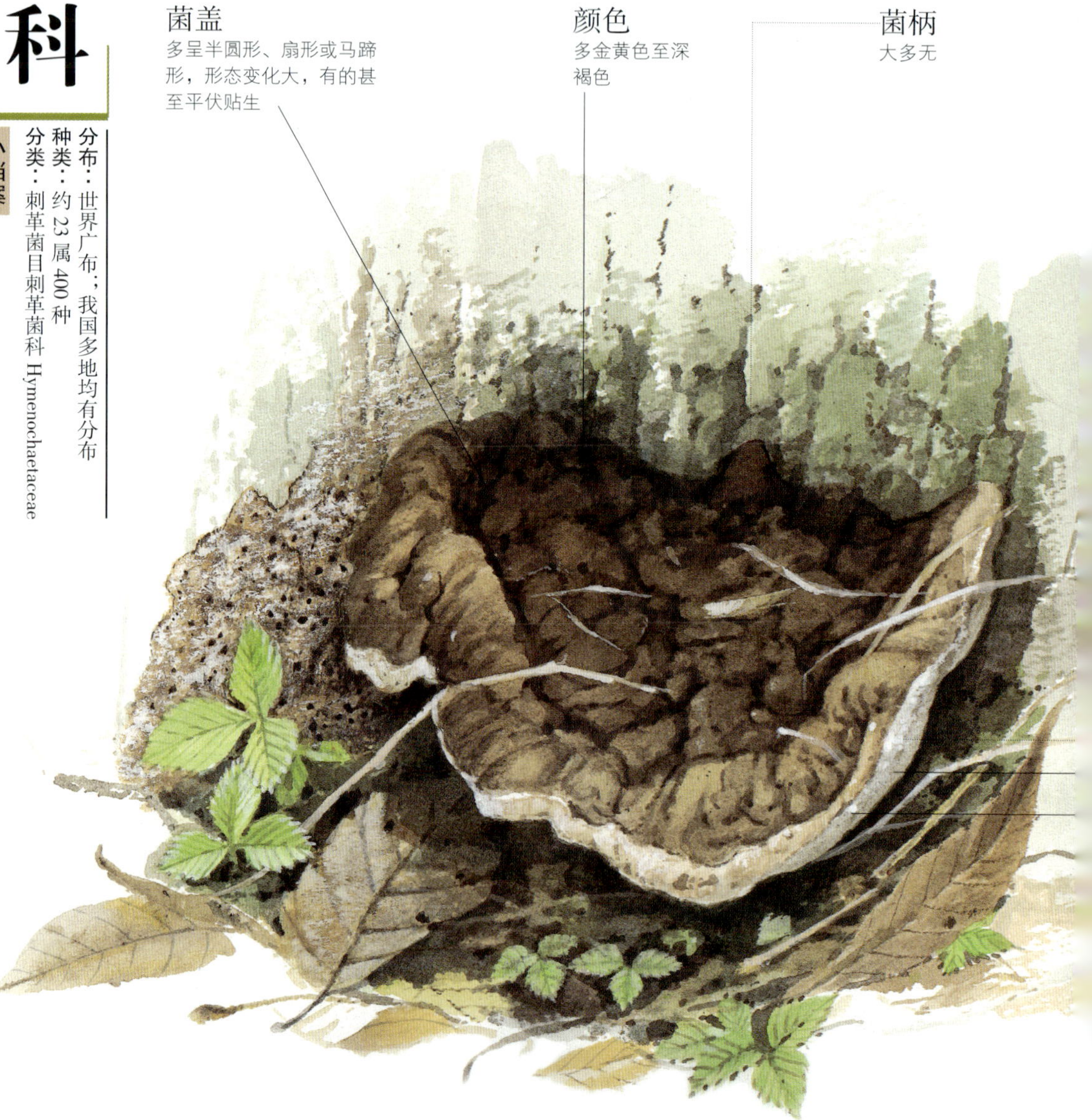

●主图：有害木层孔菌 *Phellinus noxius* (Corner) G. H. Cunningham，菌盖 4~15cm 宽。

千奇百怪的刺革菌

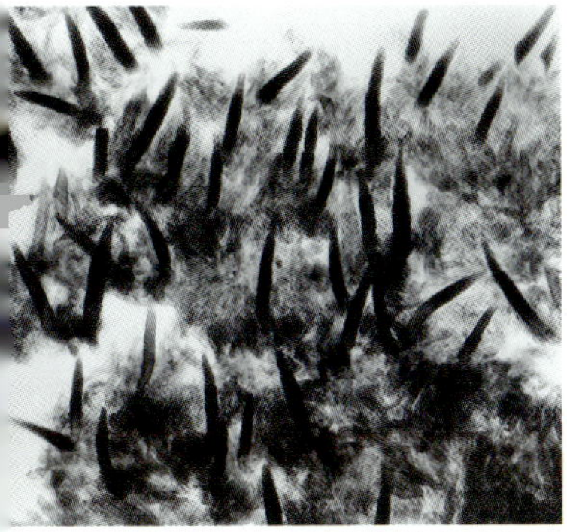

显微镜下可见刺革菌科的子实层间常有明显而浓密的刚毛

菌孔
多为圆形，少数平滑不见菌孔，罕褶状，大多为黄褐色；孢子印为白色至黄褐色

体型
小至大型

质地
革质、木栓质至木质

刺革菌科菇类质地坚硬、多半无柄，但菌盖形状却千奇百怪，半圆形、扇形、贝壳形、马蹄形都有，有些种类甚至平伏不见菌盖，是一个让人很难捉摸的野菇家族。不过有个又快又准的鉴定刺革菌科菇类的绝妙好招，那就是将2%的氢氧化钾（KOH）溶液，滴到原本多为金黄色至深褐色的菇体上，如果变为黑色且不褪色，那就可以断定是刺革菌科的一员了。

滴到KOH溶液变黑的刺革菌菇体

厚硬木层孔菌这种大型刺革菌，外观似马蹄，又厚又硬

在野外，自低海拔到高海拔的森林内都可发现刺革菌科成员的踪迹，它们多着生于树木基质上，属于木栖腐生菌，有些种类甚至具有强病原性，会引起根腐病，导致树木萎凋死亡，是木栖寄生菌。此外，刺革菌科中还有一群特殊的成员——集毛菌属（*Coltricia*）菇类，它们会与植物根部形成菌根，属于土栖共生菌，大多从林地直接冒出。

梅生木层孔菌为刺革菌科的一员，无柄无盖的模样，就像贴生腐木上的地衣

常大面积群生于低海拔腐木上的刺革菌科菌类

林木最大的敌人——有害木层孔菌

刺革菌科中的有害木层孔菌，对木本植物根部有很强的病原性，它们不但可以侵入树木死的组织，如心材，也可危害活的组织，如边材、维管束组织与树皮，造成维管束组织环状坏死，导致树木全株死亡，一般称此种植物病害为“褐根病”。

不过，有害木层孔菌很少形成菇体，通常只在受害树木的树干基部表面看见黄褐色的菌丝面，所以它们的担孢子数量非常有限，因此通过担孢子做长距离传染的几率非常低，仅能靠健康根与病根接触传染致病，传播的速度非常缓慢。在野外常可看到受害的树木是一棵接一棵，而非跳跃式染病，且1～2年才会有一棵树木生病枯死。因为发病速度缓慢，人们通常不以为然，不过假以时日累积下来的受害森林面积也是相当可怕的。

有害木层孔菌多只形成一片褐色菌丝面，很少机会看见木质的菌盖

有害木层孔菌为低海拔地区最常见的树木褐根腐菌，又名“褐根病菌”

中海拔森林演替的推手——淡黄木层孔菌

刺革菌科的另一个成员淡黄木层孔菌，主要生长在中海拔的壳斗科大型树木根部或茎部的心材组织，它们会引起木材腐朽，但不会危害树木活的组织，因此树木并不会立即有生命威胁。但它侵蚀木材组织是缓慢而长期的，在不间断的消化分解下，树木的心材会空洞化，弱化其支撑力量，所以一旦遇强风或强震，树木就很容易倒伏，此现象在中海拔成熟的阔叶林中非常普遍。

而大树倒伏之后，便营造了许多森林的孔隙地，让小树苗有机会成长茁壮；而蓄积在大树里丰富的养分，也可经由淡黄木层孔菌和其他微生物的分解，回归自然再循环，所以说，淡黄木层孔菌正是推动这类森林生态演替的重要推手。

刺革菌科的异类——集毛菌属

刺革菌科的成员多为木栖腐生菌，只有集毛菌属是其中的例外。根据野外观察，它们均从土壤中直接冒出，而仔细追踪菌丝的来源，发现都源于树木的细根，并与细根形成菌根，所以此类刺革菌被推论属于共生性外生菌根菌。

常见的集毛菌有2种，其中长久集毛菌只出现在中、高海拔的二叶松林内，与二叶松林的生态关系密切；而肉桂色集毛菌则只出现在较低海拔的阔叶林内，应与此类环境内生长的阔叶树也有着密切的共生关系。不过，目前这些共生关系的研究仅止于观察阶段，深入的生态观察仍有待加强。

长久集毛菌常可在中、高海拔的二叶松林地上发现，为与松树共生的一种外生菌根菌

淡黄木层孔菌常群生于中海拔壳斗科树木的树干基部，造成老树根基腐朽而风倒及死亡

亚洲桑黄“黄潮”——

近年来，日本、韩国运用菇类加工为健康食品，以俗称“桑黄”的裂蹄木层孔菌较受欢迎。这个刺革菌科的成员，因常在腐烂的桑树上发现，且切开呈明显硫黄色，故名桑黄。据说其功效优于灵芝，尤其在抗癌和提升免疫力方面疗效相当不错。其实早在明代李时珍的《本草纲目》中便有关于桑黄药用与名称的记载，书中称其性寒、味微苦，具有利五脏、宣肠气、排毒气、止血等功效。

但因桑黄为多年生菇类，菌丝成长缓慢，不易人工栽培，目前多采自野外，所以使用并不普遍。市售的桑黄据说大多采自我国东北的长白山地区，偶见于低、中海拔的阔叶林中。令人欣慰的是，近代科学已经证实除裂蹄木层孔菌外，刺革菌家族中的火木层孔菌、淡黄木层孔菌、松木层孔菌等也具有同样的功效，民间常将它们一并通称为“桑黄”。

取自裂蹄木层孔菌的中药桑黄

淡黄木层孔菌也同属桑黄的一种

裂蹄木层孔菌常可于低、中海拔的桑树上发现，是俗称桑黄的一种

瑞奇纤孔菌的身世之谜

过去刺革菌科中一种称为“瑞奇纤孔菌”的菇类，仅知分布于美国亚利桑那州的森林内，世界其他地区都没有它的野外记录，但1995年，却在中国金门岛发现它们生长在木麻黄上。这对科学家来说很难找到合理的解释，只能推测说，

生长于金门岛木麻黄上的瑞奇纤孔菌，是刺革菌科中的稀有种

瑞奇纤孔菌附近常可同时看见一个金黄圆球般的怪菇，不断飞散出粉末，那是它的不孕菇体

或许瑞奇纤孔菌是一个稀有种，世界其他地方也有，只是没被发现；另一种可能的推测是，瑞奇纤孔菌是经由人类不经意带入金门岛，这个可能性非常高。

此外，刺革菌科还有另一成员——罗德威纤孔菌也具有相似的命运。原本此菇仅分布于澳洲，且为澳洲的常见种，如今却神奇地出现在中国台湾，且只在台中一带发现，数量相当稀少，至于此菇是否是因人的无心携带而来，就得靠有心人解谜了。

稀有罕见的罗德威纤孔菌，原是澳洲的常见种

鸡油菌科

小档案

分布：世界广布；常出现在低、中海拔的天然林内

种类：约 4 属 100 种

分类：非褶菌目鸡油菌科 Cantharellaceae

看过黄澄澄的鸡油吧！鸡油菌就是取其色泽而得名的。而且此科菇类的成员虽然有柄也有盖，不过造型可不常见，喇叭形的外表，替这个家族树立了独特的风格，因此也有人称它们为“喇叭菌”。再者，对人类来说，鸡油菌可说是上天赏赐的美味，该科全部种类均可下肚，而世界著名的食用菇名单上，它们也有几位成员晋身其中呢。

◁喇叭菌属的菌柄多为中空

●**主图：**鸡油菌 *Cantharellus cibarius* Fr.，菌盖 3~8cm 宽。

春至秋间，常可在低、中海拔的天然林中发现群生的鸡油菌

鸡油菌两兄弟比一比

虽名鸡油菌，但并不代表所有鸡油菌科的成员都有着鸡油般艳橘黄的色泽，有些种类甚至呈暗灰色。喇叭形或漏斗形的菌盖逐渐延生在菌柄上，成为鸡油菌科最大的共同特色。而最特别的是，若是仔细观察子实层表面，可见有些光滑，有些则具皱褶状纹路，有些的皱褶分布均匀且隆起，乍看像菌褶，不过因为并非真正的菌褶，所以才从褶菌类被移到非褶菌类。

小鸡油菌的体形较鸡油菌小，不过也具有皱褶状的子实层

有些喇叭菌属的成员，不仅全株非橙黄色，且子实层也呈平滑而非皱褶状

体型
中至大型

子实层
具脉状隆起皱褶或平滑，白色、黄色至灰黑色；孢子印为白色

低海拔林地上常见的金黄喇叭菌，虽有着鸡油菌般的鲜艳外观，但子实层却平滑不见皱褶状纹路

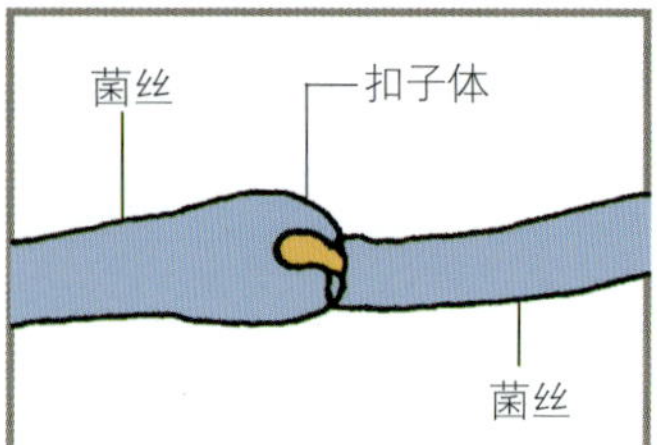

鸡油菌属菌丝构造

而鸡油菌科的成员常见有2属：鸡油菌属（*Cantharellus*）和喇叭菌属（*Craterellus*）。其中鸡油菌属菇类的特色是：菇体肉质，子实层大多具有褶状层，少数平滑，显微镜下观察菌丝可见两菌丝间具一扣子状的扣子体。喇叭菌属菇类的特色则为：子实菇体常为膜质，子实层大多平滑，少数皱褶状，菌丝无扣子体。

可遇不可求的天然林住客

鸡油菌科的成员并非仅是外形独特，其在野外也不是那么常见，通常只能在少受人为破坏的天然林中才能发现，而人类活动频繁的处所则很少发现。而且这群天然林的住客大多为外生菌根菌，喜欢与树木的根部共生形成菌根，发现时大多从林地直接冒出。另外，因为其体型不是很大，加上生长时间仅数日且菇体多薄肉质、易腐败，所以如果在野外与它们相遇，可是相当幸运的呢。

十足的野味——鸡油菌

所有鸡油菌科菇类都可食用，其中鸡油菌因具有特殊的杏香气味及滑嫩的质地，堪称人间美味，名列欧美著名的食用菇之一，更记载其具明目利肺、清肠益胃的功效。不过它虽有名却不普遍，这是因为此菇为一种外生菌根菌，无法以人工大量栽培，只能在春至秋间野外出菇时采集享用，因此这种食用菇倍显珍贵。

若有幸在野外采到鸡油菌，烹饪时须注意：若泡水过久菇体会海绵化，失去原有的风味，因此以煎炸的烹饪方式最佳。而以此菇烹调出来的菜肴香味淡雅可口，令人难忘，加上采集不易，所以市价居高不下。

⇦喜与壳斗科树木根部共生的灰色喇叭菌，炎夏时，偶尔可在中海拔的林地上发现散生的菇体

⇧鸡油菌外表呈鲜艳的杏黄色，加上散发出浓浓的杏香，故别名“杏菇”

鸡油菌的近亲——钉菇科

钉菇科（Gomphaceae）菇类无论外观或生态习性都与鸡油菌科非常接近，它们的菇体也呈漏斗形至喇叭形，子实层平滑至皱褶状，而且也都是与树木根部形成菌根的外生菌根菌。

此两科最大的不同在于担孢子形态：鸡油菌科菇类的担孢子表面平滑，但钉菇科菇类的担孢子表面却粗糙突起。

此外，钉菇科菇类虽然外观和鸡油菌相似，却多具毒性，不宜食用，如高山针叶林偶见的毛钉菇，食之便会引起肠胃不适的症状。因此，在野外采到喇叭状菇类时，就得先验明正身，免得惹祸上身。

⇧这种生长在高山针叶林内的钉菇科成员，和鸡油菌科同属土栖共生菌

⇦钉菇科菇类的子实层和鸡油菌科相似，多呈皱褶状

珊瑚菌科

海洋里美丽而多样的珊瑚群，常让潜水者赞叹不已，不过，如果认识了野菇世界中珊瑚菌科的成员，更会感受到大自然造物的神奇。这些由菌丝聚生呈珊瑚状分支或直立单支的菇类，不仅外观与海底珊瑚神似，就连色泽也同样鲜艳动人，常让发现者有种时空错置的感觉。而它的近亲枝瑚菌科、锁瑚菌科、杯珊瑚菌科菇类，也因外形酷似珊瑚，同被归为“珊瑚菌类”。

小档案

分布： 世界广布；我国多地均有分布

种类： 8属 120种

分类： 非褶菌目珊瑚菌科 Clavariaceae

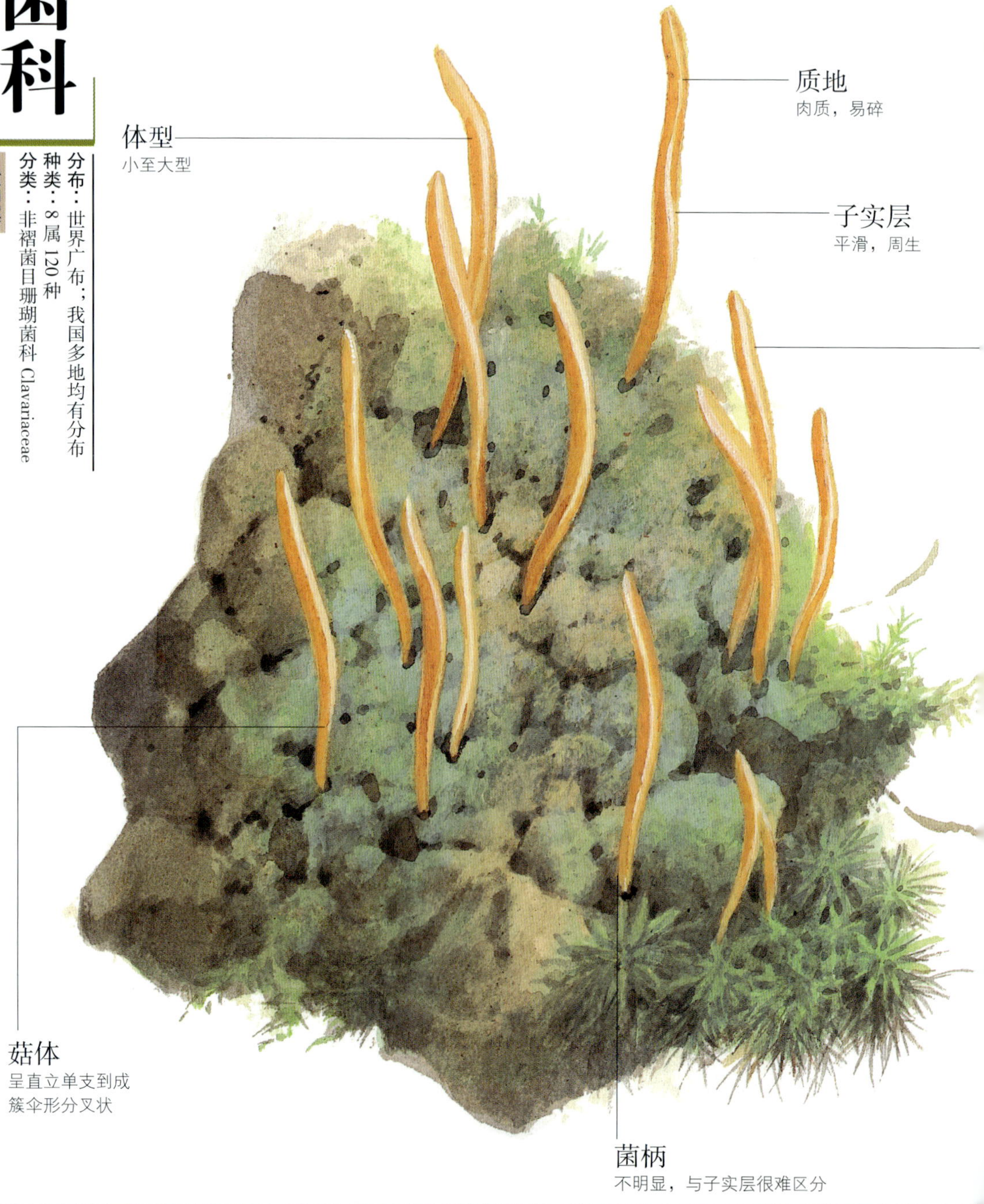

●**主图：** 亮多珊瑚菌 *Multiclavula clara*（Berk. et Curt.）Petersen，菇体 1~1.5cm 高。

珊瑚菌科菇类个头多半不大，却常因颜色鲜艳且成群出现而引人注目

颜色
多鲜艳，少数较暗淡

质脆易断的美丽珊瑚菇

顾名思义，珊瑚菌科菇类的外表状似珊瑚。它们有些种类呈伞形分支状，有些则为直立单支状；有些种类的色泽鲜艳且体型较大，相当引人注目，有些则较为暗淡且个头娇小，不易发现。多数种类的菇体质地为肉质且易碎裂，所以野外采集时需特别谨慎小心。

在野外，自低海拔到高海拔的森林内都可发现珊瑚菌科菇类的踪迹。它们多为腐生菌，往往成簇或成群出现。此科成员中有的喜欢着生于腐木，属于木栖腐生菌，有的直接从林地上冒出，属

红拟锁瑚菌有着扁平棍棒状的外观，鲜艳橘红的颜色，因而又称“红豆芽菌”

低、中海拔阔叶林地上常发现的纺锤形拟锁瑚菌，属于中型的珊瑚菌，颜色鲜艳引人

炎夏时，在中海拔的松林内大量群生的紫珊瑚菌，为珊瑚菌科中土栖腐生的种类

于土栖腐生菌，仅少数种类为土栖共生菌。

子实层周生的原始真菌

子实层周生也是珊瑚菌科菇类的特色之一，也就是说珊瑚菌科菇类形如枝条向上生长的菇体表面，到处都有子实层存在，可以观察到担子、担孢子等细微特征，这和一般菇类的子实层多单面生于菌褶或菌孔表面的差别较大。

如此一来，当天气干燥时，一阵风吹过，珊瑚菌科菇类便能直接散出孢子；而一旦遇到下雨，也能借助雨水将孢子带至地面萌发。所以和一般菇类相比，它们虽少了一层保护，却有利于孢子传播，而真菌专家也因此特性认为它们为较原始的一群真菌。

子实层周围的珊瑚菌

⇧枝瑚菌科的葡萄状枝瑚菌，为一种鲜美可口的食用野生菇，不仅肉质脆嫩，且因块头不小，食用价值高

保健新兴食品——珊瑚菌

珊瑚菌肉质脆嫩，鲜甜爽口，是美味食用菇之一，人们对其在饮食保健上的应用极为推崇。我国民间流传此类真菌性平味甘，有调和胃气、祛风、止咳、止痛、消肿等作用，常用来治疗胃痛、宿食不化和痛风等病症。相关专家分析出此类真菌含有丰富的优良植物性蛋白质和多种氨基酸，近年来更被当成是美容养颜的补品。

然而珊瑚菌科的成员虽然多半可食，但因菇体不大，食用价值不高。不过其中有种称为紫珊瑚菌的种类，因出现时数量很多，加上口感脆嫩，在日本是一种广受当地人喜爱的食材，他们将其卷在海苔中或直接油炸来吃，据说十分美味。

其实，说到最普遍常见的食用珊瑚菌，应以枝瑚菌科的葡萄状枝瑚菌最具代表性。此菇体型大且分支众多，外观像扫把，俗称其为“扫帚菌”。目前在医学上已证明此菇具抗癌之效，为新兴的保健食用菇之一。

陆生“珊瑚”大集合

除了珊瑚菌科外，枝瑚菌科（Ramariaceae）、锁瑚菌科（Clavulinaceae）、杯珊瑚菌科（Clavicoronaceae）也同属珊瑚菌类，不过除此之外，胶质菌中的花耳科（Dacrymycetaceae）菇类，也因外观似珊瑚而常被误认。

若想好好分辨这些陆生“珊瑚”的不同，首先可以稍折菇体，若不易折断；然后在显微镜下观察，若其担子为双叉戟形，便可确定是花耳科的成员。

至于珊瑚菌类，其中种数最多的为珊瑚菌科菇类，而形态较美丽、体型较大的为枝瑚菌科菇类。

枝瑚菌科的金黄枝瑚菌，明亮的蛋黄色菇体分支众多，极像海里的珊瑚

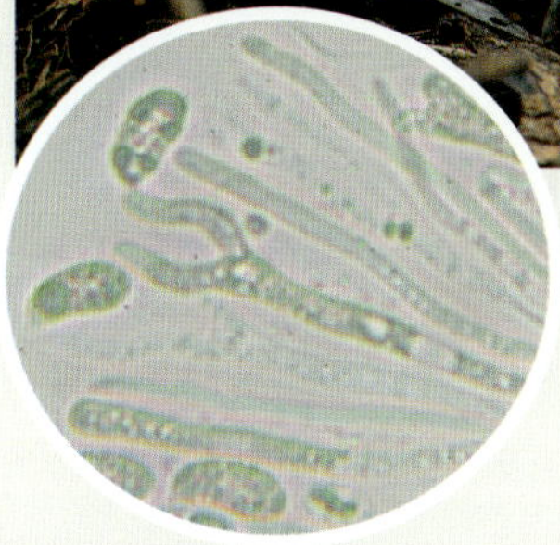

常被误认为是珊瑚菌类的黏胶角耳，其属于花耳科，质地较坚韧、不易折断，且担子呈叉状

杯珊瑚菌的分支顶端可见王冠般的装饰，因此英名称为“crown coral mushroom”

这种锁瑚菌属菇类，为锁瑚菌科其中一种

革菌科

小档案

分布：世界广布；常出现在低、中海拔的森林内

种类：13属80种

分类：非褶菌目革菌科 Thelephoraceae

革菌科菇类多以林地为家，成员总数不多，形态却千变万化，让人很难勾勒出整个家族的轮廓。还好野外目前发现的种类不多，并非很难辨认。其中以棕色革菌最常见且具代表性，多个革质的菌盖从同一菌柄长出，状似一朵有着白缘花瓣的绣球花，而多瓣革菌和莲座革菌则较不常见，前者菇体呈珊瑚分支状，后者则状似莲座。

●主图：棕色革菌 *Thelephora fuscella* (Cesati) Lloyd，单一菌盖 3~7cm 宽。

棕色革菌为革菌科的代表种之一，可药用，具抗癌之效

林地上无孔无褶的平滑菇族

革质的菇体，平滑的子实层，是革菌科菇类外观上最大的特点。它们的形态十分多样，有的像一般硬菇呈扁平扇形，有的则像绣球花，多个菌盖自同一菌柄长出，有的状似珊瑚菌，还有的呈漏斗状。我们可以运用氢氧化钾（KOH）溶液来区辨它们真正的身份：滴在菇体上，若变色成暗绿色或墨绿色，则可断定此种菇类为革菌科的一员了。

滴到 KOH 溶液变色的革菌科菇体

颜色
多样，白色、灰色、黄褐色至近黑色均有

子实层
平滑或稍具乳突，灰白色、黄褐色至黑色；孢子印为黄褐色

外观呈珊瑚分支状的多瓣革菌，为外生菌根菌，秋至春间，偶见于低、中海拔的阔叶林地上

这科成员多为腐生菌，其中多数种类会从林地直接冒出，属于土栖腐生菌；只有少数种类会从腐木上长出，属于木栖腐生菌。此外，革菌中还有些种类属于土栖共生菌，它们主要分布于低、中海拔森林中，喜欢与阔叶树的根部共生。

外观和棕色革菌相似的莲座革菌，整体颜色较淡，为一种外生菌根菌，喜欢与郊山阔叶树的根部形成共生

奇特的担孢子

真菌的细微构造是分类上的重要依据，其中又以孢子的形态最为重要，革菌科成员属于担子菌；其近球形或角形的担孢子非常特别，不但常有明显的颜色，且表面也常不太平顺，不是具有瘤状物，就是具有小刺，在显微镜下十分易辨。

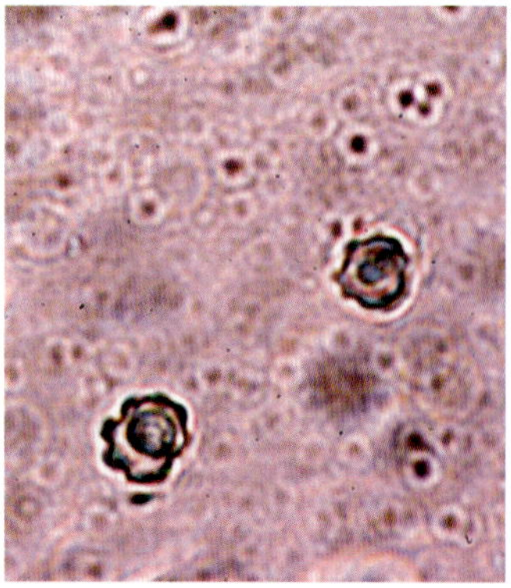

革菌科的担孢子造型十分美丽，多具小瘤或小刺

革菌家族的勇将——土生革菌

革菌科中的土生革菌，在外生菌根菌界可是赫赫有名。在大自然中，尤其在松科树木根部附近的地表，常是它与腹菌类豆马勃科（Pisolithaceae）中号称“菌根王”的彩色豆马勃短兵相接的战场。这两者相互争锋谁也不让谁，一旦对方稍加休战，另一方便独霸天下。更厉害的是，土生革菌还可在腐木上生长，意味着它也是一种腐生菌，侵占地盘的战力相当充沛，不过本种多出现在温带地区，所以热带、亚热带地区至今尚无发现记录。

土生革菌

彩色豆马勃

云南名菜——三丝干巴菌

云南地区因独特的气候条件和地理环境，大型真菌高达 15 万种以上，因而拥有“真菌王国”之称，其中不乏珍贵且美味的食用菇类。所以云南料理中以菇为主角的菜肴不算少，其中地方名菜“三丝干巴菌”，便是将鸡丝、辣椒、火腿拌炒云南特产的一种野菇——干巴革菌而成的一道佳肴。

说到这干巴革菌，也属于革菌科的一员，黑黑的外表看起来不怎么美味，吃起来就像云南回族人特制的牛干巴（一种牛肉干），咬劲十足且有股特殊的香浓气味，口感相当独特。不过因为此菇属于外生菌根菌，很难人工培养，而且仅分布于云南地区的松林内，所以是云南当地相当珍贵的特产食用菇。

⇧干巴革菌

子实层平滑的相似野菇

除了革菌科菇类外，子实层也呈平滑状的相似野菇，包括了外观上比革菌科菇类更像绣球花的绣球菌科菇类（Sparassidiaceae），以及菇体呈管状或杯状的挂钟菌科（Cyphellaceae）。

其中绣球菌科共有 3 属 7 种，即为绣球菌属（*Sparassis*）的绣球菌。这种乳白至乳黄色的大型菇类，多在中海拔林地上冒出，其粗大的菌柄上常可见许多球瓣状的不规则分支，全株最大可达 40 ~ 50cm 宽，无论颜色、形状或大小，都和古代抛绣球选夫用的绣球十分相似。

另外，挂钟菌科菇类约有 6 属 70 ~ 80 种。此科菇类因子实层平滑且菇体近革质，所以被归为革菌科菇类的近亲，所属成员一般都小于 0.5cm，且常倒挂在枯枝落叶上，开口向下，状似悬挂的吊钟，因而得名。其中，以夏季生长在低海拔枯竹杆上的帽形菌较为常见且具代表性。

⇧绣球菌可供食用，质地像白木耳，味道还不错

⇧炎夏常成群自腐竹上冒出的帽形菌，全株无论里外均平滑无褶，看似一顶轻薄的小白帽

鸟巢菌科

鸟巢菌科菇类的个头都不大，在野外不容易发现，不过只要看过一眼，就不难想像为何有着如此有趣的称谓。它们的菇体，没盖又没柄，像极了缩小版的鸟巢；更特别的是，里面还有一颗颗小蛋状的物体，称之为“小孢体”，会有许多孢子散出，实在很难让人将这个外形奇特的东西与菇类画上等号呢。

小档案

分布：世界广布；我国多地均有分布

种类：4属56种

分类：鸟巢菌目鸟巢菌科 Nidulariaceae

●主图：隆纹黑蛋巢菌 *Cyathus striatus* Willd.: Pers.，菇体 0.6~0.9cm 宽。

鸟巢形外观，内含鸟蛋状小孢体，是鸟巢菌科最典型的外观特点

质地

革质，具1～3层的包被

会生"蛋"的奇特小菇

鸟巢菌科菇类的外观与典型野菇非常不同，它们多属小型菇类，初生时呈球状不见开口，之后包覆开口的盖膜会从顶端逐渐开裂，此时整个菇体呈小杯状，杯内则可见多个扁圆形的蛋形物。这些"蛋"称为"小孢体（peridioles）"，它们是担孢子的集合体，内部埋藏了数量丰富的担孢子。

此科成员多为腐生菌，生长的基质相当多样，枯枝、腐木、竹子或肥沃土壤，甚至是动物排遗。在野外，从平地竹林到高海拔森林，均可发现成群出现的鸟巢菌。

常在低海拔竹林地上发现的隆纹黑蛋巢菌

粪生黑蛋巢菌的名字虽有"粪生"一词，不过春、夏间，只要在郊山林地或庭园内的肥沃土壤表面找找，都有机会发现群生的菇体

小孢体为黑色的隆纹黑蛋巢菌，为黑蛋巢菌属的一员

小孢体为白色的乳白蛋巢菌，为白蛋巢菌属的一员

小孢体为红色的白绒红蛋巢菌，为红蛋巢菌属的一员

鸟巢菌三兄弟

全世界的鸟巢菌科成员共有 4 属，我国常见的有 3 属，想分辨这 3 属鸟巢菌的异同，首先可从“巢”内“蛋”的颜色找到线索，即黑蛋巢菌属（*Cyathus*）的小孢体如名所指多为黑色，白蛋巢菌属（*Crucibulum*）的则多为白色，而红蛋巢菌属（*Nidula*）即为红色了。

此外，若用放大镜仔细观察这 3 属鸟巢菌的小孢体，还可发现前两者的小孢体在基部均有一条弹性菌丝索与内壁相连，而红蛋巢菌属的小孢体则无。若再进一步比对黑、白蛋巢菌属两者的小孢体差异，则可看见前者小孢体的表面薄且不具外膜，后者的小孢体则覆有一层厚的白色外膜。

神乎其技的繁衍方式

倾盆大雨时，若有机会以慢镜头拍下鸟巢菌科菇类传播孢子的影像，绝对会让人赞叹大自然的奥妙。

一旦雨水打在鸟巢菌科菇类的小孢体上，尤其具有弹性菌丝索的种类，它们便会像施展高空弹跳的绝技般，利用弹簧般的弹性菌丝索顺势将小孢体高高弹入空中，等到落下时，弹性菌丝索更发挥了钩子的作用，将小孢体紧钩在附近的枯枝、落叶或草丛中，借此传播孢子；或是等到草食性物吃草时将落在地面的小孢体一同吃下，最后带到较远处排出，如此一来，不仅达到传播的目的，甚至还能利用动物排出的粪便养分繁衍下一代，真可谓是一个相当巧妙的繁衍方式。

此外，鸟巢菌科还有个近亲——弹球菌科（Sphaero-bolaceae），其中弹球菌属（*Sphaerobolus*）的成员个头小小的，大约都不超过0.25cm，不过却具有一个像弹丸的产孢组织（孕育孢子之处），等到内部的孢子成熟后，一旦被雨水打到，便像高射炮般自行快速喷弹出去，有时甚至会夹带“砰”的一声，十分有趣。据文献记载这种传播方式可将孢子喷射至5～6cm之外，比起鸟巢菌科菇类的高空弹跳更是神乎其技了。

■鸟巢菌科奇特的传播方式

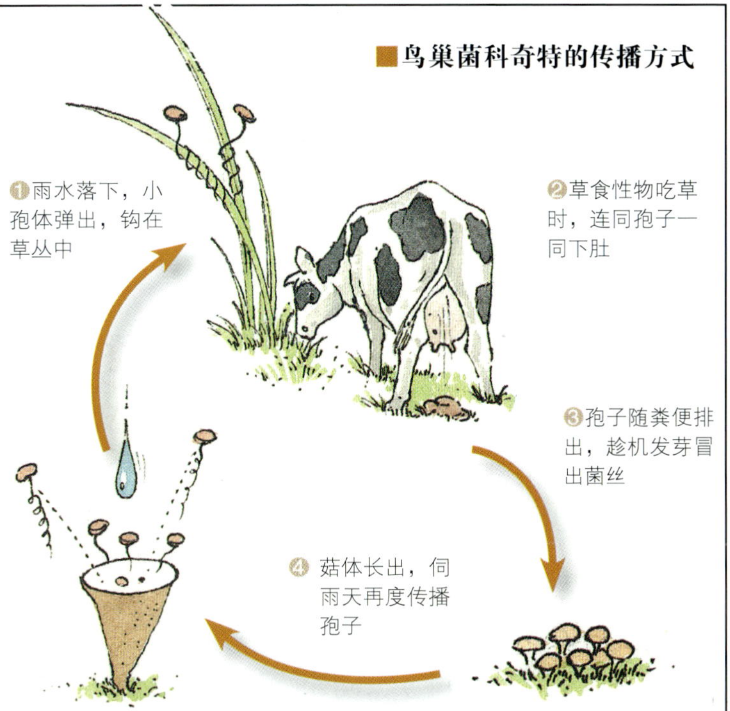

⇧弹球菌科真菌

进化的腹菌

腹菌类真菌不仅外观与一般担子菌非常不同，在孢子保护与传播方式的演化上也区别很大。如果用植物来比喻，一般称为层菌类的担子菌（褶菌类、非褶菌类和胶质菌类）因担孢子均裸露在外，就像蕨类等较为低等的裸子植物般，所以称为“裸果型真菌”，此类真菌的担孢子成熟后，可以主动弹射散播。然而，腹菌类真菌的担孢子则像较高等的被子植物，被保护在菇体之内，所以称为“被果型真菌”，此类真菌的担孢子成熟后，菇体会裂开，不过里面的担孢子多半不会主动弹射而出，而是等到下雨或环境条件合适生长之际，并借助雨水、风或昆虫将担孢子传播出去，设计十分精良，也因此一般被认为是较为进化的真菌。本篇的主角鸟巢菌科菇类即为腹菌类的代表之一，之后即将登场的马勃科、硬皮马勃科、鬼笔科菇类也同属此类。

马勃科

马勃科的成员，初生时外观状似包子，不过随着菇体成熟，颜色会逐渐从白色转深至马粪般的暗褐色，因此又名“马粪包”。此外，若将这个成熟菇体拿在手中，感觉质轻如棉，用力一捏，还会从顶端开口处，喷散出大量灰土般的褐色孢子粉，一松手菇体又恢复原状，十分有趣，所以也有人称之为“灰包”，英文名为“puffball”，形容它就像个吹胀的气球般。其中，网纹马勃是常见的种类，各个海拔林地上均可发现。

小档案

分布：世界广布；我国各地均有分布

种类：18属158种

分类：马勃目马勃科 Lycoperdaceae

体型
多中至大型

质地
薄皮海绵质

基部
具附着菌丝索

● **主图：** 网纹马勃 *Lycoperdon perlatum* Pers.，菇体 2~2.5cm 宽。

马勃科成员菇体成熟后，全株转为褐色，包被顶部常开裂，散出大量的孢子粉

初生菇体
球形至陀螺形，白色，表面具疣或刺

马勃科菇类的菇体表面具 1 ~ 4 层质韧富弹性的薄膜包被，内部则为灰色至褐色的孢子团

皮薄馅多的“包子”

马勃科菇类外观球形至陀螺形，但大小不一，小至弹珠，大至足球都有。整个菇体被 1 ~ 4 层紧密聚合的薄膜包被包裹着，内部则为产孢组织聚合而成如海绵般的孢子团。所以用力一捏，菇体便会凹陷，不过因包被质韧富弹性，所以一旦松手，菇体还会恢复原状。

若有机会在野外观察马勃，会发现它们初生时全株雪白如包子般，不过几天后再回来察看，这些“包子”完全变了模样，不仅颜色变深，有些顶上还开了洞，或是整颗残破不成形。

在野外想找到马勃科菇类并不难，从平地草地到高海拔森林，一年四季都有机会发现它们散生或簇生的踪迹。此科成员均为腐生菌，一般直接从地表冒出，属于土栖腐生菌，不过也有少数一些种类是以腐木甚至粪便为家，属于木栖腐生或粪栖腐生菌。

梨形马勃是马勃科中少见长于腐木上的成员

虽名“冬季马勃”，却全年均可在低海拔田野草地上，找到散生或簇生的菇体

数以亿计的马勃子嗣

可知如拳头大的马勃内含多少数量的担孢子？答案是有20亿个以上，多到数也数不完。而这些数量庞大的担孢子，可不是慢慢传播的，原来马勃的菇体成熟后，等到适合传播时，顶端常会出现裂口，一旦雨水滴落在马勃的菇体上，就在那一刻因雨水的压力挤压，褐色的孢子粉便会像火山喷发般，逐渐自内部飞散出去，

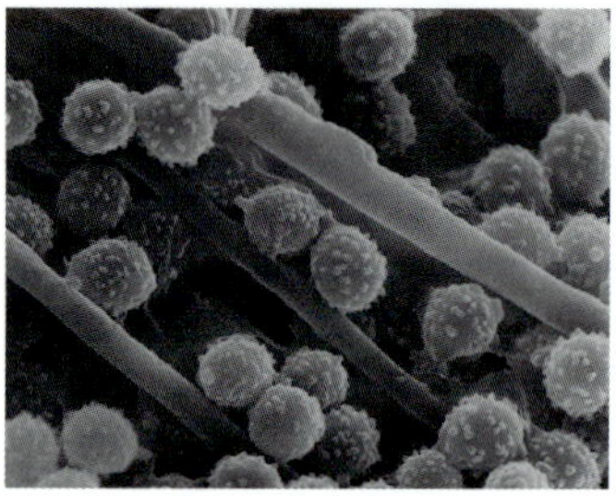

马勃科担孢子卷绕在孢丝中

相当壮观。

此外，在显微镜下可见这些担孢子常卷绕在一些长长的褐色孢丝里，这是为了保护孢子而逐渐演化出的构造，它可以让孢子更能历经时间的磨练，找到合适萌发的环境条件。

成熟的马勃科菇类喷出大量的孢子粉，十分壮观、奇特

腹菌类的天霸王——秃马勃属

马勃科中的秃马勃属（*Calvatia*）菇类，可说是腹菌类的天霸王。它们通常个头硕大，有些种类甚至大过篮球，最大重可达22kg，直径可达264cm，加上喜欢生长在开阔草地上，一颗颗或白或褐的球状菇体。不知情的人，总喜欢将其当成球猛踢，殊不知正中它们的下怀，因为秃马勃属这类马勃菇体成熟时并不像其他马勃在顶端会出现裂口，而只是外皮逐渐剥落、释放孢子，因此它们就等着顽皮、好奇的人或动物来踢它；若是踢到了成熟的菇体，保证满头皆是褐色粉末，当然也就顺便帮它们传播孢子了。

秃马勃全株直径可达10cm，高可达15cm，属于马勃科中的“小巨蛋”

妙用多多的马勃

“马勃”之名源自古代的一个人名，传说他将俗称“灰包”的菇类，紧贴在割伤流血的伤口处因而痊愈，消息传开之后，当地人一旦受伤流血就会去找马勃这个人，要不然就自己到野外寻找“灰包”，因此便逐渐引用“马勃”一名，特指那种茶褐色的灰包。而灰包中的“灰”指的就是孢子粉，马勃神奇的药效，其实最大的功臣便是这些孢子粉。这种天然的药粉，外用可治外伤止血、敷疮，内用可治咽喉肿痛，用途多且广，因此成了著名的中药材之一。

除可作为药用外，许多马勃科菇类在白色幼嫩时还可摘取食用，如网纹马勃、梨形马勃等，不过一旦菇体成熟变色，就不再适合食用。

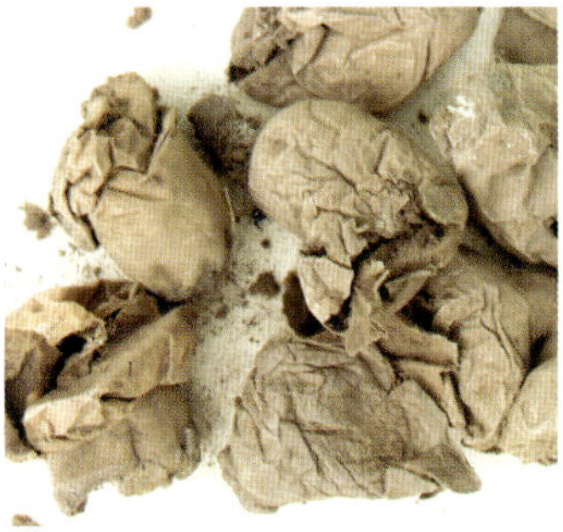

俗称“灰包”的中药材，实际上是取材自马勃科的菇体

开口笑一族——地星科、丽口包科

除了马勃科菇类之外，腹菌类菇体呈球状、成熟会出现裂口的种类，常见的还有硬皮马勃科、地星科（Geastraceae）与丽口包科（Calostomataceae）菇类。以下列出后两者的相关资料，可以进一步认识它们。

地星科：同属马勃目，全世界有 8 属 62 种。它们与马勃科主要的差别是菇体表面具 2 层明显的包被，成熟时外皮呈星状开裂，全株状似地上的星星，因而得名；至于富有弹性的内皮顶端，则可见一小开口，内部包藏着大量的褐色孢子粉。

丽口包科：虽非马勃目而为丽口包目，但是也同属开口笑一族，全世界有 1 属 15 种。此科成员的菇体表面也具 2 层明显的包被，成熟时顶端处会出现由多片鲜红色皱唇组成的星状裂缝，看起来像涂口红般，十分特别。

无柄地星菇体成熟时表皮向外开裂成星状，因此被归为地星科的一员

日本丽口包表面密布荔枝般的粗疣，菇体成熟时顶端还会出现多片皱唇组成的红色星状裂缝

硬皮马勃科

硬皮马勃科菇类可说是野菇世界中鼎鼎有名的“石头”家族！此科的成员全都长成一颗颗土黄色的石头状，摸起来硬邦邦的，而且还常散落在林地之间，也难怪有人会把它误认为“石头”了。不过，切记不要因为好奇而去踩它或踢它，否则可能会像踩到地雷般，整个菇体爆炸开裂，散放出大量的孢子粉四处飞扬，让你大吃一惊呢。

小档案

分布：世界广布；我国多地均有分布

种类：6属45种

分类：硬皮马勃目硬皮马勃科 Sclerodermataceae

● **主图：**多根硬皮马勃 *Scleroderma polyrhizum* Pers.，菇体 4~10cm 宽。

硬皮马勃科菇类因具有1层韧质的厚包被，所以菇体坚硬如石，内部则为紫黑色至深黑色的孢子团，且缀有白色孢丝

质地
硬质

定时开爆的“石头”

球形至扁球形的外观，棕黄色的外表，看起来像马勃科的一员。不过硬皮马勃科的成员即使历经数周的生长，菇体的颜色始终如一，并不像马勃科菇类随着成熟而由白转褐；此外，硬皮马勃也如其名，全株捏起来坚硬如石，若有机会切开菇体，还可见它们的表面多半有层硬实的厚包被，紧密包藏着由产孢组织聚成的紫黑色至深黑色孢子团，也难怪被称之为“硬皮马勃”了。

龟纹硬皮马勃菇体成熟时，表皮会像纸张撕裂开来，散出大量的灰紫色孢子粉

橙黄硬皮马勃的土黄色坚硬菇体，状似林地上散落的石头

至于孢子传播的方式，硬皮马勃科菇类倒是和同属腹菌类的马勃科菇类十分类似。它们的孢子成熟时，菇体会像火山爆发般，从开裂处四散喷出烟雾状的孢子粉。

多根硬皮马勃菇体成熟后，表皮开裂呈星状，孢子团则露出并逐渐飞散，最后留下的就像张开的死人手，有些骇人

寻访硬皮马勃的故乡

在野外，从平地到低、中、高海拔的森林内，都可能发现硬皮马勃的踪迹。

此科成员除了外表和马勃科成员有所区别外，就连生长习性也和它们大大不同。想要观察硬皮马勃，就得到林地上寻找，尤其在松科或壳斗科树木附近的林地上，常可发现散生或群生的菇体。这是因为此科成员多为土栖共生的外生菌根菌，喜欢与松科或壳斗科这些树种共生，而马勃科多为土栖腐生菌。

龟纹硬皮马勃是一种喜欢与壳斗科树木共生的外生菌根菌，春、夏时，常可在郊山林地上发现

牛肝菌的近亲

一般人大概很难将硬皮马勃和牛肝菌摆在一起，不过以现代分子生物学观点，没有什么是不可能的。这是因为以前多靠外观和细微特征分门别类，现在的

散生于高海拔林道上的光硬皮马勃

分子生物学则是从 DNA 基因序列，分析物种之间的亲缘性。1988 年外国学者 Bruns 分析硬皮马勃科成员的 DNA 基因序列时，发现它们与牛肝菌科圆牛肝菌属（*Gyrodon*）菇类的亲缘性很近，便提出硬皮马勃科应该归属于牛肝菌目之说。

圆牛肝菌外形和硬皮马勃十分不同，却有着相近的亲缘关系

共生性的球形腹菌家族

须腹菌科菇类（Rhizopogonaceae）和豆马勃科（Pisolithaceae）菇类，不仅外观和质地都与硬皮马勃科菇类相似，呈硬质球形，且都属于共生性腹菌，常可在林地上发现而被误认。下面提供这两个相似的腹菌家族之相关资料，可以进一步认识它们。

须腹菌科：近球形至块茎状的外观也常和硬皮马勃科成员弄混，不过它们多埋生于土中或半露于土表，而内部的产孢组织则呈迷宫状，质地为肉质至脆骨质，罕粉末状，其间也不见白色的孢丝。全世界有 4 属 150 种，其中的须腹菌属（*Rhizopogon*）的红须腹菌，人们称之为“松菇”，成熟时稍稍露出地面，挖出后，可见一个个像剥皮荸荠般的白色菇体，幼嫩时可烹煮食用。

豆马勃科：原归于硬皮马勃科的豆马勃属现已自立一科，全世界有 1 属 5 种。其最大的特点是：包被薄膜质，且产孢组织聚成豆粒状、亮黄色的孢子团，埋藏在黑褐色胶质之间，因而得名。再者，此菇成熟时并不开裂，而是整个菇体从顶端由上往下逐渐化为褐色孢子粉，飞散消失。

附带一提，若是不小心碰到正在风化的彩色豆马勃，常会满手沾染上黄色的孢子粉，擦也擦不掉，让人甚是不愉。不过，你知道吗？这些粉末不只具消炎止血之效，而且还有一项相当独特的功用——可放入染缸中作染料。

红须腹菌

彩色豆马勃

彩色豆马勃剖面照

鬼笔科

偶尔在林下远远会闻到一股腐尸般的恶臭味，令人不禁寒毛悚骨，循着味道四处搜寻，竟然有只手指状的物体半掩在地面的枝叶间，十分吓人，靠近细瞧，原来是野菇世界中闻名遐迩的鬼笔，也因此有人形容其为“死人的手指”。不过，让人想也想不到，味鲜气香的珍贵食材——竹荪，竟然系出同门，仔细想想，笔状的菇体的确相符。只是其恶臭部位通常被摘除，所以人们也就忘记它真正的身份了。

小档案

分布：世界广布；我国多地均有分布

种类：23属77种

分类：鬼笔目鬼笔科 Phallaceae

●**主图：**长裙竹荪 *Dictyophora indusiata* (Vent.: Pers.) Fisch.，菇体18~24cm高。

鬼笔科菇类的子层托，满覆黏液状的孢子，且会发出恶臭吸引各种昆虫帮忙传播孢子

鬼笔科菇类初生为鸟蛋状

体型

中至大型

破蛋而出的笔状菇族

鬼笔科成员初生时像颗鸟蛋，等到菇体成熟后，这颗“鸟蛋”便逐渐开裂，伸出海绵质、笔状的菌柄，而当初的“鸟蛋”则留在菌柄下方，形成开裂鸟蛋状的菌托了。此外，鬼笔科还有一个特点，就是它那令人不悦的气味。鬼笔菌柄顶端常可见钟形子层托，内含孕育孢子的产孢组织，一旦产孢组织成熟便液化呈黏液状，并不时发出恶臭味，因此有人称之为“臭角菌”，且迷信只要看到鬼笔便是一种不祥的预兆。

春、夏间，在低海拔竹林内偶尔可见竹林蛇头菌，状似红头小蛇自地表钻出

竹荪破蛋而出

竹荪伸长菌柄

竹荪长出菌裙

可遇不可求的赏菇时机

在野外，从平地竹林到高海拔森林，均可发现鬼笔科菇类的踪迹。此科成员多为土栖腐生菌，常单株或多株从地表直接冒出。

虽然鬼笔科的成员分布广泛，由于菌柄的质地为海绵质，伸展迅速，所以从鸟蛋状的初生蕈至腐败倒地的过程相当快速，要想观察到完整的菇体往往可遇不可求。下次在林地上发现鬼笔科的初生蕈时，若想确定种类，就得耐心地观察，可能只要短短 4~5 个小时，其长出的菇体就倒地腐败了。不过，也有可能要一周的时间，才能得知庐山真面目呢。

伸出菇体的细皱鬼笔，可看见顶部的子层托表面，有许多苍蝇被吸引靠近

臭不臭有关系

鬼笔科菇类臭名在外，殊不知这可是它们传宗接代的秘密武器！若仔细观察鬼笔科菇类和周围环境，可发现这股臭味吸引了不少昆虫靠近吃食，其中又以蝇类最多，再加上鬼笔科菇类子层托表面的产孢组织成熟后会液化呈黏液状，如此一来，被吸引过来的昆虫，不仅肚子里吃进不少的孢子，就连身上也沾黏了孢子，一旦吃饱喝足飞离菇体，这些昆虫便带着这些孢子飞往远方，顺道帮鬼笔们传播它们的下一代。

白鬼笔这种大型鬼笔的外观与长裙竹荪相似，但本种不具菌裙

珍贵食材——竹荪

秋季渐凉时，来碗清香爽口的竹荪鸡汤，总令人精神为之一振。而这个著名的珍贵食材，也是“菇菇宴”的主角之一，它们有个正式的学名——长裙竹荪，属于鬼笔科的一员。高而白的笔状菌柄上，有个墨绿色的钟形子层托，而子层托下伸展出雪白网状的拖地长形菌裙，随风飘扬的模样，十分华丽动人，怪不得赢得了“真菌之花”“菇中皇后”“纱罩女人”“僧笠菌”等美称。人们取用时，会将具有恶臭的子层托摘除，只留下菌柄和菌托的部位。因为其常可在竹林内发现，所以人们从前常说其是竹子的内膜，且取得不易，一旦在野外发现则多作为献给皇帝的贡品，当时被认为是非常珍贵的食用菇类。如今因人工栽培成功，已经变成价位合宜的常见食用菇之一。

去除恶臭子层托的市售竹荪干货

菌裙为黄色的黄裙竹荪，有毒，不可采食

另外提醒大家的是，野外有种外观与竹荪相似，但菌裙为鲜黄色的黄裙竹荪，切记千万不可采食，因为它可是一种有毒的菇类喔。

鬼笔的近亲——笼头菌科

鬼笔目中还有一个家族——笼头菌科菇类（Clathraceae）也和鬼笔科菇类相同，未成熟时像鸟蛋似的，成熟后开裂伸出海绵质的菌柄，而且产孢组织成熟时也会液化产生黏性，发出恶臭。两者的差异在于，鬼笔科菇类的菌柄为笔状，顶部常具有钟形子层托，且产孢组织显露在外；而笼头菌科菇类的菌柄则呈笼状网格，或顶部分裂成瓣状，且产孢组织隐于内侧。

笼头菌科的三爪假鬼笔初生似蛋，之后会向上伸出 3 只红爪

木耳科

木耳目和银耳目、花耳目菇类因菇体富含胶质，而被统称为胶质菌类或果冻菌类。它们有个共同的本领就是，天干物燥时，整个菇体便紧缩变小、变扁，一旦湿度恢复，便又膨胀成一副水灵灵的模样，能屈能伸的本领，着实令人佩服。而这些胶质菌中，又以木耳目木耳科菇类为主，有个小耳朵状的外表，餐桌上常见的木耳，便是其中重要的典型成员喔。

小档案

分布：世界广布；多分布于平地至低、中海拔的森林内

种类：5属21种

分类：木耳目木耳科 Auriculariaceae

● **主图**：木耳 *Auricularia auricula* (Hook.) Underw.，菇体 2~12cm 宽。

胶质菌类富含胶质，不过一旦脱水全株便干缩变扁

当心隔墙有“耳”

大多数的胶质菌为木栖腐生菌，生命力相当旺盛，这点木耳科菇类也不例外。此科成员喜欢潮湿的木质环境，所以只要湿度够，从低、中海拔森林内的腐木，甚至活树枯干上，一直到室内漏水潮湿墙角堆放的木制品上，都有可能找到一群黑褐色小耳朵状的木耳，偷偷“听”着你的秘密私语喔！

胶质菌“三剑客”

木耳目（Auriculariales）、银耳目（Tremellales）、花耳目（Dacrymycetales）这三大类胶质菌的共同特色是：潮湿时呈胶质状，菇体软质有弹性。在外观上三者则略有差异，木耳目菇类具有典型的耳状外观，这点与银耳目多为瓣状或脑状，以及花耳目有平伏贴生、垫状、脑状或珊瑚状的多变形态相

菌柄
无

不育面
常覆有绒毛

体型
小至中型

菌盖
平伏至耳状

外观似木耳的毛木耳，上表面密布明显的灰褐色长绒毛，因而得名

比，显得单纯而别具特色。

不过光凭外观就想弄清楚这三大类胶质菌的差异，并非那么容易，但是只要在显微镜下仔细观察三者担子的形态，便能分毫无差地指明身份了。

首先，木耳目、银耳目、花耳目菇类的担子形状，与其他称为“同担子菌”的菇类（褶菌类、非褶菌类皆属此类）相当不同，一般同担子菌的担子多不具隔膜、呈棍棒状，然而这些质地如果冻般的胶质菌，它们的担子则多具隔膜或是形状特殊，因此被独立分成“异担子菌”一类。

更特别的是，这三大类胶质菌的担子看起来就像剑客们身上佩带的武器，各有不同。其中，木耳目的担子形状像把长剑，并有 3 个横隔膜隔成 4 个细胞；银耳目的担子形状则像个大棒锤，并有纵隔膜隔成 4 个细胞；而花耳目的担子最为特别了，虽然不见隔膜，但形状却像个双叉戟般。如此精彩的“兵器库”，称它们为“胶质菌三剑客”一点也不为过。

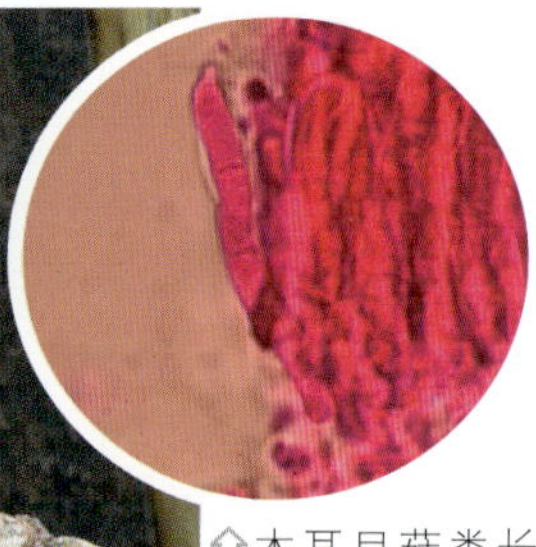

⇧木耳目菇类长剑状的担子

⇦生命力十分旺盛的木耳，从室内到林地腐木、活树枯干上，只要湿度够就可能有它的存在

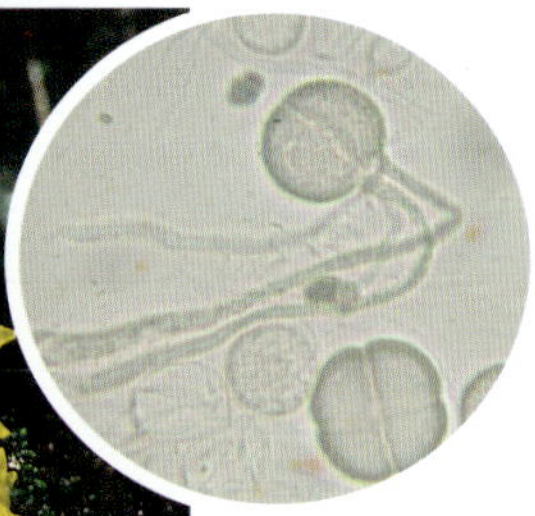

⇧银耳目菇类大棒锤状的担子

⇦似绣球花的黄金银耳

⇧花耳目菇类双叉戟状的担子

⇦花耳目菇类的形态多变，此种圆垫状的盘菌状胶杯耳也为其中一员

益处多多的胶质菌

胶质菌多半可食，其中木耳科中富含胶质的木耳，俗称“黑木耳”，不仅质脆好吃，更具有多种疗效，所以自古以来为许多养生食膳的主角之一。而古老药籍《本草纲目》中更依其着生的树种将木耳分为桑耳、槐耳、楮耳、榆耳、柳耳 5 种，并记载具治痔，性平、味甘，补血气，有滋润、强壮、通便之效。现代医学研究也证实，具高纤成分的木耳，可以刺激肠道蠕动，帮助排便，而且还能加速体内胆固醇的排除，避免冠状动脉硬化及血栓疾病的发生，甚至还具抗癌之效。常见的食用木耳有木耳和毛木耳两种，而毛木耳的味道虽不及木耳，但因质地脆滑、爽口，适合凉拌，而有“木头上的海蜇皮”的说法。

此外，与黑木耳相对的白木耳，则是银耳科称为“银耳”的一种胶质菌，白色、胶质的菇体，虽然味道不怎么特殊，不过因富含营养，还有补肾、润肺、生津、止咳之效，而成为著名的滋补食品，多可见于甜汤、补品中，人们还因其口感滑润，曾将其与珍贵食材“燕窝”相提并论呢。

属于胶质菌银耳科的银耳，为著名的滋补食品之一

市售银耳干货

巫婆的黑奶油——黑胶耳

虽说胶质菌能屈能伸，不过其中又以银耳目胶耳科的黑胶耳最令人啧啧称奇。

天干物燥时，它们就像块干扁黑皮黏附在树枝上，一点都不起眼。突然一阵狂风暴雨过后，全部的黑胶耳就像被巫婆施了魔法般，瞬间吸水膨胀成一个个黑褐色的果冻泡状物，布满了整个枝头，摸起来软软黏黏的，所以英文俗称它们为“black witch's butter（巫婆的黑奶油）”。

最后提醒大家的是，这种胶质菌虽然也富含胶质，不过却是少数有毒的种类之一，切记不可采食。

干燥扁缩的黑胶耳

膨胀成果冻状的黑胶耳

柔膜菌科

小档案

分布：世界广布；我国多地均有分布

种类：约 101 属 623 百种

分类：柔膜菌目柔膜菌科 Helotiaceae

柔膜菌科可说是子囊菌类的龙头老大，整个家族成员多达 600 多种，盘状或杯状的小型菇体，是它们主要的造型，不过颜色上可就没这么单调了，粉红色、红色、紫色、黄色、绿色、深褐色、白色或黑色，应有尽有，放在一起就像调色盘上的颜料，多样而美丽。在中、高海拔地区偶见的小孢绿盘菌，便带有盘菌类少见的蓝绿色泽，十分独特。

●主图：小孢绿盘菌 *Chlorociboria aeruginanscens* (Nyl.) Kanouse ex C. S. Ramamurthi, Korf & L. R. Batra，菇体 0.2~0.5

春夏现身的艳丽盘菌

柔膜菌的个头多半不大，形如小杯或小盘，常具一短柄，外被覆有细毛或无毛。不过有些种类全株分化成头部和柄部，且菌柄细长而明显，外观和伞菌相似；有些种类的菇体则富含胶质，摸起来就像木耳、银耳般有弹性，只是个头小了许多。

⇧润滑锤舌菌外形十分特别，状似缩小的香菇

此科成员多为木栖腐生菌，而且常在春、夏季现身。温暖的春天来临时，常可在各个海拔高度的森林内一些腐木、叶片或草本植物上，发现聚生成片的菇体，等到夏天时进入生长高峰，入冬之后就逐渐少见了。

⇧复聚盘菌四周常可见薄层状的炭角菌科成员

爱搭便车的盘菌

柔膜菌科中有种称为“复聚盘菌”的真菌，它们个头不大，大约1～3cm宽，不过外观奇特引人，就连生长习性也十分有趣。在野外发现它们时，常会看见如几片干枯的花瓣聚合在一起的黑色革质菇体，若是切下一小块，滴上氢氧化钾溶液，会看到紫黑色的色素溶解出来,这是辨认它们的一个妙方。

此外，如果在发现地点四周仔细找找，多半能同时看见炭角菌科的成员，真菌专家因而推论这种生长在腐木上的柔膜菌科成员，可能是利用炭角菌先将木头分解，再伺机吸取其中的营养成分。

浑然天成的蕈染艺术

多数盘状的子囊菌为橘红色或黄色，蓝绿色的则相当少见，而小孢绿盘菌便是其一。这种分布于中、高海拔混合林内的小孢绿盘菌，有着独特的蓝绿色泽，形状不规则的外观近似扇子或耳朵，更特别的是，连其聚生的腐木也会呈现一片暗蓝色泽，这是因其菌丝会分泌蓝绿色素，把木头染成蓝色。在欧洲地区有人便将此种带蓝色的木头制作家具，而蓝绿色部分就成为美丽的装饰。

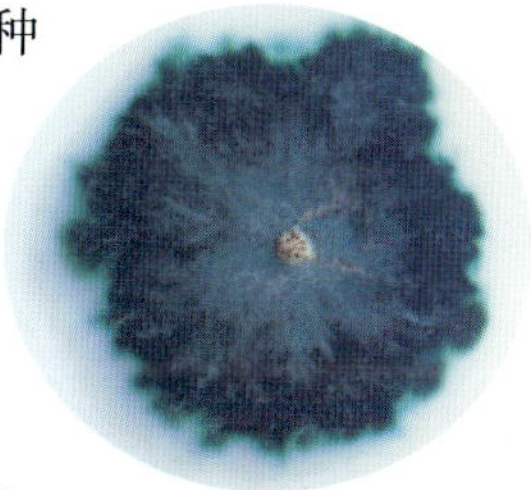

⇦小孢绿盘菌的菌落明显可见菌丝分泌的蓝绿色素

核盘菌科

小档案

分布：世界广布；我国多地均有分布

种类：约 27 属 124 种

分类：柔膜菌目核盘菌科 Sclerotiniaceae

天气太冷时，某些动物会进入冬眠，休养生息，等春暖花开再出来活动。野菇世界中的核盘菌科成员也有这样的现象，它们一旦遇到环境条件严苛，便靠着菌丝形成的菌核，进入休眠状态，等待气候环境条件合适，再从菌核中长出子实体，继续传宗接代，其中红硬双头孢菌便是夏天常见的一种核盘菌。此外，核盘菌科多数种类都具有病原性，常造成寄主病害，是农民闻之色变的病害菌呢！

◇核盘菌科菇类的黑褐色菌核有的明显可见，有的则因埋于生长基质中，并不明显

●**主图：**红硬双头孢菌 *Dicephalospora rufocornea* (Berk. & Br.) Spooner，菇体 0.1~0.5cm 宽。

光滑无毛的核盘菌

核盘菌科菇类多自黑褐色菌核上长出盘状有柄的菇体，因而得名。和其他盘菌相比，此科成员多半光滑无毛，野外观察时，因其个头不大，若非仔细搜寻，常会被忽略。不过也有一些种类颜色鲜艳，如红硬双头孢菌，就相当引人注目。

令农民头痛的菌核病菌

核盘菌科菇类散见于各个海拔地区，一般多在春天开始冒出，到了夏天族群数量达到高峰，而天气转凉后，便逐渐消失进入休眠，只能等到来年天气暖和再见了。成员中多为植物寄生菌，具病原性，可寄生于植物各个部位，如树干、枝条、叶片、果实上，常造成寄主病害，一般称此病害为“菌核病”。它们的寄主种类包括了数以百计的各种植物，如花卉、蔬菜及其他农作物，是相当常见的农作病害菌。

湿凉多雨的季节常可发现核盘菌，有些长在果实上，造成果实软化、腐烂，并长出许多黑色菌核；有些长在苗木上，造成苗木枯死。

例如造成青葱大量枯萎死亡的小粒菌核病，便是寄生在青葱上的一种核盘菌造成的。它们会在葱叶上形成黑色菌核，青葱因此枯萎，

生长在青葱叶片上的小粒菌核病菌，常造成青葱大量枯萎死亡，为常见的农作病害

因为这类核盘菌较喜欢凉爽的气候，所以高温的夏季过后，天气转凉、连续下雨之际，就会自埋生于地面的菌核上长出子实体，成熟后放出孢子，再继续感染植物。

此外，在桑树上也有一种称为“桑实杯盘菌”的核盘菌科成员寄生。此菌仅危害桑树果实（即桑椹），不会侵害枝条和叶片，加上受感染的桑椹通常可见整颗从灰黑色变黑色且膨大，因此被称为“桑椹肿果病”。

有趣的是，此菌通常都在湿冷的春天（此时正值桑树开花），从休眠于地面的黑色菌核上长出子实体，再借助风力将孢子散播到桑树雌花的柱头上，之后才在桑椹间萌芽生长、散播病害，所以如果当年春天气候干燥，桑树也就不用担心会受到感染了。

自黑色菌核上冒出的桑实杯盘菌

桑椹肿果病

火丝菌科

小档案

分布：世界广布；我国多地均有分布

种类：约 68 属 462 种

分类：柔膜菌目火丝菌科 Pyronemataceae

从名字即可看出，火丝菌科菇类和“火”脱不了关系。它们不仅外观上多带有火焰般的橘红色系，其中更有一群成员，常可出现在火烧过后的土壤表面或木头上，因此取名为“*Anthracobia*”，原意即为“喜欢火”之意。至于为何选择这样的栖地，推测可能是，高温会将一些大分子的营养物质分解成小分子，让菇类更容易吸收，有利于它们的生长。

●主图：橙黄网孢盘菌（橘皮菌）*Aleuria aurantia* (Fr.) Fuckel，菇体 0.5~5cm 宽。

生长于高海拔混合林腐木上的须孢盘菌，有着火丝菌科常见的橘黄色外观

醒目势众的盘菌老大

火丝菌科为盘状无柄的子囊菌类中最大的一科，质地多半柔软易碎，最特别的是，其子囊四周的侧丝构造多含有胡萝卜素，因此全株颜色常呈现火焰般的橘黄色调，从橘黄色、黄色至棕色的种类都有。

此科成员散见于各个海拔地区，当中只有少数种类以腐木为家，属于木栖腐生菌，其余则多为土栖腐生菌，常可在地面上发现大量冒出的菇体。此外，有些土生的火丝菌种类还能与植物的根部形成菌根，属于土栖共生的外生菌根菌。

显微镜下可见火丝菌科的侧丝多数含有胡萝卜素，所以此科成员常具有橘黄色的外观

“睫毛”长长的盾盘菌

火丝菌科有群成员——盾盘菌属（*Scutellinia*）真菌，为火丝菌科的大宗，且此属的体型虽然较小，不过在盘状的菇体外缘，常可见一圈又硬又长的棕色长毛，乍看之下就像美丽的长睫毛，十分显眼。一般可在腐木或是泥地上发现此属菇类。判别盾盘菌属的成员，主要是依据显微镜下观察到的刚毛长短和子囊孢子表面花纹形式来确定其种类。

此种盾盘菌盘缘上又硬又长的一圈刚毛，是它们的注册商标

喜高温菌类

各种菌类喜好生长的环境都不一样，有群菌类因为经常出现在火烧过后的树林内，或是经高温灭菌后的堆肥上，所以被归为“喜高温菌类”，火丝菌科中的红火盘菌便是其中一份子。所以有时在林间采集生物时，遇到路边有烧焦的木块或灰烬，不妨蹲下来仔细搜寻，也许有机会发现这类营生方式独特的菌类呢。

红火盘菌为一种喜高温菌类，常可在灰烬堆中发现

肉杯菌科

小档案

分布：世界广布；我国多地均有分布
种类：约 10 属 36 种
分类：盘菌目肉杯菌科 Sarcoscyphaceae

菇如其名，可知肉杯菌科菇类的肉质菇体上多具短柄，整体造型呈小杯状。而其艳丽的红色或橘红色外表，加上体型较大，让肉杯菌科成为子囊菌类中最美丽且引人注目的一群。此科成员大都生长在热带或亚热带地区的阔叶树腐木上，是热带地区的代表菇类之一。中海拔地区可见的卷毛小口盘菌，便是肉杯菌科菇类的代表之一，它们不仅模样可爱，而且着生的木头上还密生着棕黑色的菌丝，看似被毛球裹着，十分特别！

●主图：卷毛小口盘菌 *Microstoma floccosa* (Schw.) Rativ.，菇体 0.4~0.9cm 宽。

腐木上的可爱杯菇

大孢毛杯菌杯缘的长毛也很显见

肉杯菌科成员多具小杯状或盘状的肉质菇体，下有短柄，颜色从白色、粉色至鲜红色都有，而且因多数种类带有红色素，所以大多呈红色至橘红色调，整体造型有如盛满葡萄美酒的小高脚杯。此外，有些种类的菇体外被还长有细长白毛，如低海拔森林内一些潮湿腐木上常见的毛杯菌、大孢毛杯菌，便可在杯缘处看到明显的白色毛状构造。

再者，肉杯菌科喜欢高温潮湿的环境，常出现于低海拔阔叶林中，成员多为木栖腐生菌，喜欢成群生长在阔叶树腐木上。

由于肉杯菌科多生长在热带地区，所以在热带雨林之中，有些种类的雨蛙因体型娇小，可藏身于肉杯菌的“杯子”里，借以躲避捕食者，因而形成热带雨林一种特有的景观。

毛杯菌外被覆有长毛，尤其长在杯缘的毛更是显眼

这种名为肉杯菌的菇类和一般肉杯菌科成员不同的是，此种为温带种，分布的海拔高度较高

热带菇类哥俩好——肉盘菌科

除了肉杯菌科菇类之外，肉盘菌科菇类（Sarcosomataceae）也是热带地区代表菇类，全世界约有 10 属 36 种。它们不仅外观造型和肉杯菌科相似，也喜欢以阔叶树腐木为家。

不过此科菇类因不含红色素，所以常呈棕色至黑色，加上菌肉富含胶质，全株摸起来肥厚有弹性，而一旦干燥之后，也会像胶质菌般体积缩到很小。低、中海拔阔叶林内腐枝上常见的爪哇肉盘菌，便是此科典型的代表。

爪哇肉盘菌

马鞍菌科

小档案

分布：世界广布；常出现在高海拔森林内

种类：约 9 属 68 种

分类：盘菌目马鞍菌科 Helvellaceae

造访美丽的高海拔森林时，如果在林地上的绿色苔藓间，发现一株株有着长柄的野菇，菌盖部分形似马鞍或花菜，那么有可能是遇到菇类高山族——马鞍菌科成员了，如在混合林地上偶见的弹性马鞍菌，便具有马鞍菌科的典型外观。而此科野菇在外观上和美味好吃的羊肚菌容易混淆，所以其英文名为“The False Morel Family（假羊肚菌科）”，只不过有些成员可是碰不得的毒菇，得小心辨识。

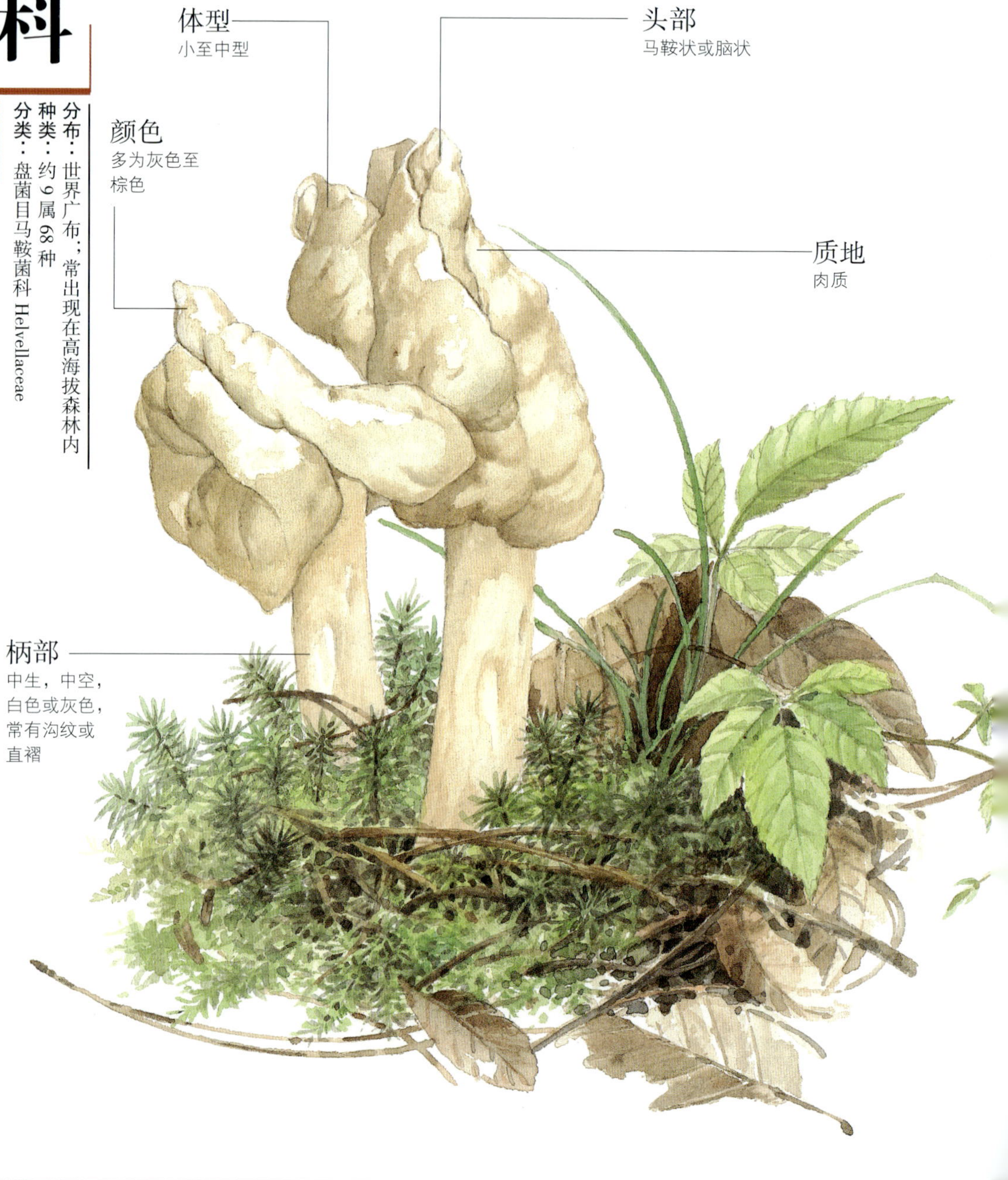

●**主图：**弹性马鞍菌 *Helvella elastica* Bull.: Fr.，菇体 2~8cm 高。

高山林地上的马鞍状菇

马鞍菌科菇类灰色至棕色的菇体分化成头部与柄部，多数成员的头部还会反折呈马鞍状，因而得名，不过有些种类的马鞍菌头部则为盘状，并无明显反折。此外它们多半有着粗壮却中空的柄部，柄部表面还常可见沟纹或直褶，整体造型与一般子囊菌大异其趣，反倒和伞菌相仿，只是伞菌的担孢子多长在菌盖背面，而马鞍菌的子囊孢子则是密布于头部表面，成熟后直接弹射散播出去。

另外，此科成员多属温带种类，为土栖腐生菌，可以到高海拔林地上找一找它们的踪迹，也常可在苔藓间发现混生其中的马鞍菌。

⌂菇体呈黑色的马鞍状黑马鞍菌，散生于高山混合林地上

⌂波状根盘菌虽属马鞍菌，菇体却呈扁平状，夏、秋时，常可在中、高海拔火烧过后的松林内，发现大片冒出的菇群

⌂鹿花菌具有剧毒，须避免误采

以假乱真的鹿花菌

高山中偶见的鹿花菌，属于马鞍菌科的一员，不过因全株密布皱褶，形似世界知名美味食用菇——羊肚菌，加上生长环境也与羊肚菌相似，常被误认，因此人们俗称其为“假羊肚菌”。其实和美味的羊肚菌相比，此种野菇含有剧毒“鹿花素”，此为一种溶血性毒素，一旦误食会破坏体内红细胞，引起急性溶血性贫血，可得非常小心。

马鞍菌的近邻——羊肚菌科

在高海拔氮肥多的林地上，除了可以找到马鞍菌科野菇外，还可找到另一种全株也分化为头部和柄部的子囊菌——羊肚菌科（Morchellaceae）菇类。此科全世界约有 3 属 38 种，体型多为中、大型，菇体呈灰色至棕色。最引人注目的是，其头部分隔及凹陷呈羊肚状，因而得名。

所有的羊肚菌均为世界知名的食用菇，味道相当鲜美，被人津津乐道。其柄为中空，易折断、破损，采集时要很小心；另食用时切记不要生食或配酒共食，以免出现肠胃不适的症状。因其长在地上，所以煮食前须仔细冲洗掉上面附着的泥沙。

⌂羊肚菌为美味食用菇之一，多于 3 ~ 5 月散生在高山林地上

炭角菌科

小档案

分布：世界广布；我国多地均可发现

种类：约 48 属 386 种

分类：炭角菌目炭角菌科 Xylariaceae

炭角菌科菇类打破了一般人对菇类“软而易烂”的刻板印象，它们的菇体坚硬如木炭，不易腐坏，就算干燥也不易变形，所以不论什么季节，都可在山林间与它们相遇，有人还因其到处可见，且数量很多，而戏称为“垃圾菌”。此外，若刚好遇到成熟的菇体，触摸时还会沾染上煤灰似的黑色孢子粉，因此又名“煤灰菌”。在低、中海拔地区可见的蕉座炭角菌，因常成串如芭蕉状自木头上冒出而得名。

●**主图：**蕉座炭角菌 *Xylaria allantoidea* (Berk.) Fr.，菇体 2~6cm 高。

腐木上的“煤炭”

各个海拔高度都找得到炭角菌科成员的踪迹，它们多为木栖腐生菌，常可在腐木上发现，其中只有少数种类为植物病害菌。

⌂炭角菌剖面照

此外，因其菇体坚硬不易腐烂，可以留存较长的时间，所以几乎全年都可见到它们，其还常被误认为是弃置腐木上的煤炭呢。春、夏季为它们出菇的季节，若于此时切开菇体，可见内部呈白色，且边缘处密生排列整齐的黑色子囊壳，而子囊和子囊孢子就埋生其间。若有机会采到此菇放置标本袋中，过一会儿打开袋，便可看到袋里沾满煤灰似的黑色粉末，那便是它们散放出来的子囊孢子。

炭角菌三兄弟

炭角菌科真菌质地为碳质，摸起来全都像木炭般硬邦邦的，不过外观造型可就变化较多了，主要可分为三大类，其中除了棒状的炭角菌属（*Xylaria*）成员之外，还包括半球状的炭壳菌属（*Daldinia*）成员，以及薄层状的炭团菌属（*Hypoxylon*）和炭皮菌属（*Biscogniauxia*）成员，其中炭团菌属的子囊壳较明显易见。

⌂常群生呈薄层状的截形炭团菌

⌂外观似火柴棒的条纹炭角菌，常多个散生于树干上

至于颜色上这三大类成员也稍有差异，其中炭角菌属多呈黄棕色至黑色，其他则多呈红棕色至黑色。

⌂半球状的光轮层炭壳菌，内部有着木材年轮般的纹路

纹路美丽的炭壳菌

紫褐色、半球状的炭壳菌属真菌，不仅外观独特，剖开其菇体可见内部具有如年轮般的同心环带，相当美丽而迷人。更特别的是，那些被炭壳菌属真菌侵入过的木头，也会留下独特的黑色纹路，因此在欧洲地区，还有人利用这样的木材制作发夹、胸针等小件饰品呢。

麦角菌科

小档案

分布：世界广布；我国多地均有分布

种类：约 31 属 157 种

分类：肉座菌目麦角菌科 Clavicipitaceae

说到这种棒状、肉质的麦角菌科菇类，最让人耳熟能详的，莫过于中药店里的珍贵药材——冬虫夏草了。它们是虫？是草？其实都不是，而是一种属于虫草属的子囊菌类真菌。它们可是制造木乃伊的高手，只是对象换成昆虫罢了，除了专挑鳞翅目昆虫的蛹为寄生对象的蛹虫草外，寄生于椿象身上的下垂虫草，以及寄生于蚂蚁身上的蚁虫草，也都是常见的麦角菌科成员。

◇以昆虫幼虫为寄主的虫草属真菌

●**主图：**蛹虫草 *Cordyceps militaris* (L.) Link，菇体 1.3~5cm 高。

冬虫夏草这种似虫像草的中药材，其实是麦角菌科子囊菌寄生于昆虫体内的产物

体型
多为中、小型

柄部
多有

昆虫克星——虫草属子囊菌

麦角菌科菇类和前面提及的核盘菌科菇类都属于寄生菌，它们靠着菌丝形成的菌核，度过环境严苛的冬季，等到来年春暖花开时，再各自选择适合的寄主繁衍下一代，只不过核盘菌科真菌多挑植物为寄主，且从菌核中长出的菇体呈盘状，而麦角菌科则多挑动物为寄主，且菇体呈长棒形。若有机会在显微镜下仔细观察菇体表面，可见整齐排列着许多瓶状的结构，其被称为“子囊壳”，而子囊和子囊孢子便埋生在其中。

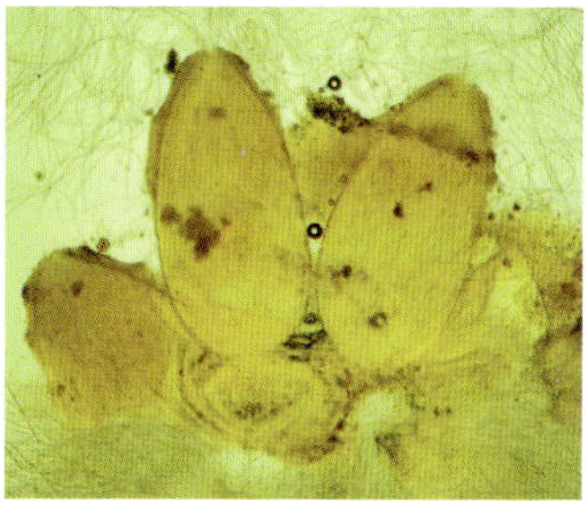
虫草属子囊壳多呈瓶状，其中散出的长条状子囊数量相当惊人

所有麦角菌中，最为

分布于较高海拔阔叶林内的下垂虫草，为寄生在椿象身上的一种虫草

人所熟知的，便是以昆虫为寄主的虫草属（*Cordyceps*）真菌。夏、秋时，此类真菌便开始入住昆虫寄主，吸取其营养，所以不管是昆虫的幼虫或成虫感染此菌后，就会慢慢僵化而死，外部虽仍保留完整的虫体原形，但内部已被菌丝体充满。到了寒冬，环境严苛时，虫草属真菌就靠着菌丝形成的菌核过冬，然而这只看似休眠的“昆虫”，等到来年春天天气暖和时，并不会从冬眠中苏醒，只见寄生其中的虫草属真菌自虫体长出细长似草状的菇体，准备繁衍下一代，

成群自低、中海拔阔叶林地上冒出的头状虫草，为寄生于腐土中一种称为大团囊菌的虫草

因其生长习性人们才泛称其为“冬虫夏草”。

这些属于“虫栖寄生菌”的虫草属成员，散布于各个海拔的山区中，它们多在夏天被发现，到了冬天就消失不见踪迹。

低海拔阔叶林地上冒出的蚁虫草，为寄生于蚂蚁身上的一种虫草

润肺补肾的冬虫夏草

冬虫夏草和人参、鹿茸并列三大补品，它们也为虫草属的一员，通常寄生在一种称为“蝙蝠蛾”的鳞翅目昆虫幼虫上，被寄生的幼虫外观状似干枯的蚕宝宝，上面则可见一支伸出的长形菇体。

自古以来人们对此菇的功效极为推崇，古书中可见记载“虫草味甘、性温，具滋肺阴、补肾阳之效”，由于其仅生长在西藏、四

川及青海一带，非常珍贵罕见，古时只有皇宫贵族得以享用，如今因大量挖掘，让这种带有传奇色彩的珍贵药材也逐渐走向民间，但价格还是颇高。

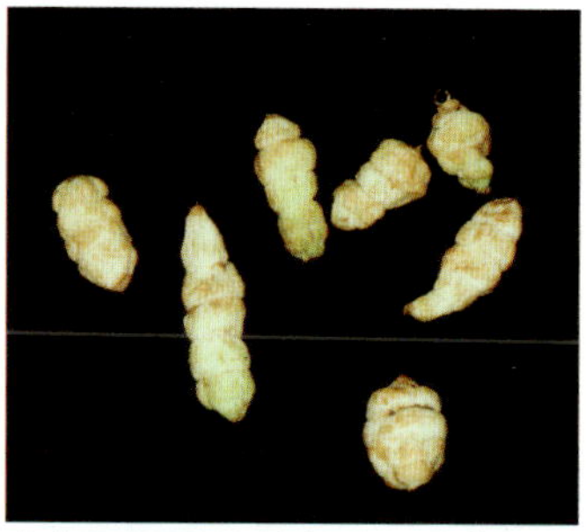

草石蚕因呈长条形且具节环似虫，所以常被误认是冬虫夏草

市面上曾有人用“草石蚕”（一种唇形科草本植物的根）冒充冬虫夏草，这种仿冒品看似某种虫蛹，但未见伸出长形的菇体，且颜色较淡，和冬虫夏草外观相差太多，很容易分辨。

圣安东尼的愤怒

麦角菌科的麦角菌属（*Claviceps*）真菌，它们不以虫为寄主，而常寄生在禾本科植物的子房内，如麦角菌便多寄生在裸麦的子房内，并在上面形成坚硬的菌核，外观看似麦子长角般，因此得名“麦角菌”。此外，这种真菌因菌核中含有植物碱，牲畜吃了带有菌核的麦草或制成的饲料后，会发生坏疽及痉挛。而中世纪欧洲地区，曾因此菌造成大批孕妇流产及夺去数以万计的生命，就连圣徒圣安东尼也死于此病，所以当时人们相传有恶魔作怪，称这个不知名的传染病为“圣安东尼的愤怒”。之后经过长期研究，

寄生于麦子等禾本科植物子房上的麦角菌属真菌，模样看来像麦子长角般，因而得名

才得知原来此病并非天灾而是人祸，起因就是人们在筛选裸麦时，没留意到有些裸麦已被麦角菌寄生，而将其食下肚，就这样酿成了这场世纪大灾害。

现今经科学家研究后发现，麦角菌产生的植物碱可分为三类，即麦角胺（Ergotamine）、麦角毒碱（Ergotoxine）及麦角新碱（Ergometrine）。麦角胺及麦角毒碱经加水分解后会生成麦角酸（Lysergric acid），即是迷幻药LSD（D-麦角醇二乙胺）的前身；至于麦角新碱在医学上则被应用为催产的药物。

寄生于蝙蝠蛾幼虫上的冬虫夏草，为知名的中药材之一

附录

如何实地观察野菇

想要认识野菇的初学者，可以先从住家附近的公园、校园或近郊的森林步道，尤其是附近有老树生长、较自然的环境，着手进行野菇的搜寻与观察。行前准备好必要的装备与工具，并熟悉观察记录、采集及标本制作的方法，将使实地的野菇观察活动更加得心应手！

【装备与工具】

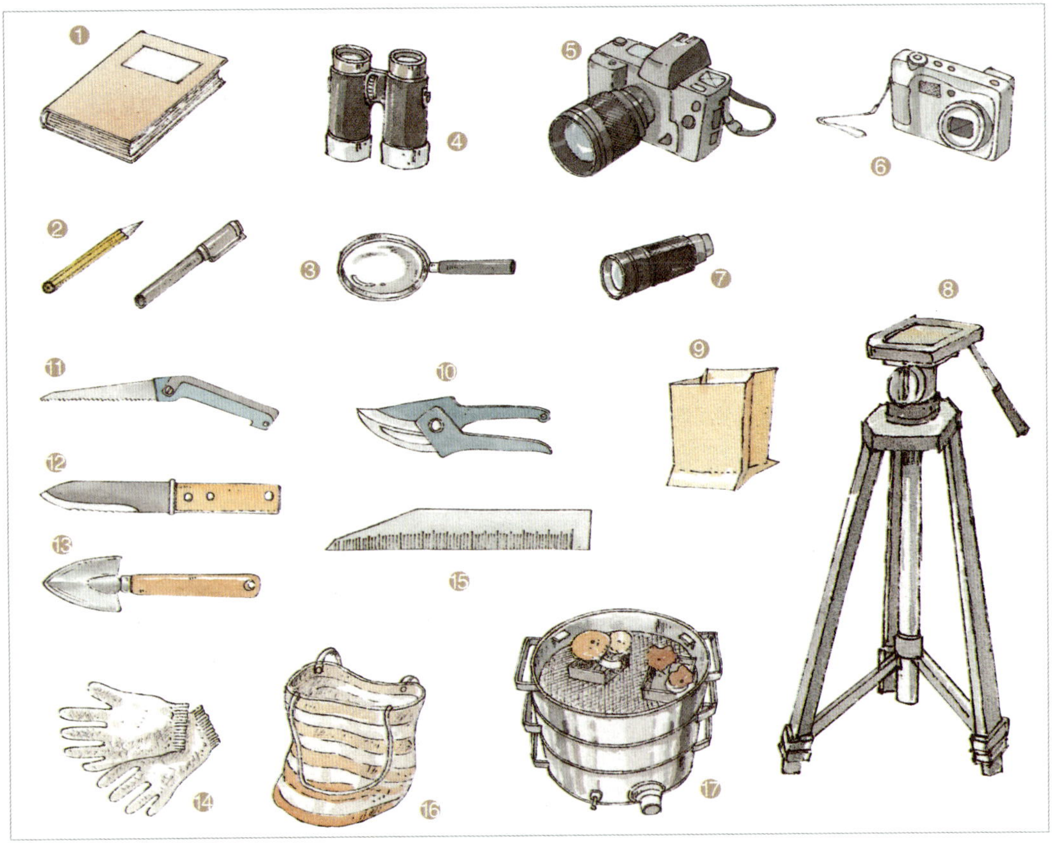

❶笔记本。
❷笔。
❸放大镜：观察子实层或其他细部特征用。
❹望远镜：观察高处的野菇用。
❺单反相机。
❻数码相机。
❼显微镜头：近距离摄影用。
❽三脚架：支撑相机用。
❾有底的纸袋：放置采集的野菇标本。
❿枝剪：采集枝干上的野菇用。
⓫锯子：采集的辅助工具。
⓬刀子：采集的辅助工具。
⓭铲子：采集地面上的野菇用。
⓮手套：采集时保护双手用。
⓯测量尺：量测子实体大小用。
⓰背袋或篮子：携带所有采集置放好的标本袋。
⓱简易烘箱：视情况用来优先处理采集到的野菇。

如何进行观察记录

从事野菇观察，详实的文字、绘图及摄影记录，不仅对于鉴定的工作有很大帮助，同时也可以借助纸本、图像及照片资料的累积，增进自我搜寻、观察野菇的相关经验。所以不放弃每次相遇的机会，认真记录与观察，绝对是了解野菇的重要守则！

文字记录

文字记录的准则是：详细、准确。记录的重点有栖息环境、发现时间与地点、野菇外观的重要特征，以及其他相关的有趣发现。另外，还可以绘图方式补充文字记录的不足，让许多不易以文字表达的特征或重点，直接以图像的方式表现。以下就每个记录重点做进一步的说明。

● 栖息环境：包括生长基质的种类，如生长在哪种树木上；周围环境的状况，如林地、草地、山坡；以及生长的样态，如群生、单生等。栖息环境的相关记录越详细越好，除了有助于物种的鉴定，也能让观察者更好地了解野菇生长的环境，增添观察的乐趣。

● 发现地点及时间：地点可用描述、图示或卫星定位（GPS）来表示。

● 外观特征：可根据本书中提示的分科重点加以详细记载，包括菇体形状、颜色、大小，子实层的形态，如孔状、褶状、平滑状、齿针状等；以及菇体表面的其他特征。

菇类记录表

采集号：

中名及学名	
采集者	
编号	
习性	地上・腐木・腐枝・腐叶 枝叶・立木・粪上・地下
生态	单生・散生・群生・簇生
产地	
日期	
附记	
孢子印	白・淡红・黄・褐・黑

菌盖	
颜色	白・红・黄・褐・黑 褐・橙・灰・绿
形状	钟・扇・半球・半圆 漏斗・中凸・中凹 中脐・平展・吊钟
边缘	平滑・条纹・残膜 沟纹・波浪・角裂残膜
直径	cm
表面	光滑・块鳞・角鳞 毛鳞・绒毛・疣状 粉状・黏滑・蜡质 龟裂・环纹・纤维丝条
菌肉	变色 尝味

菌柄	
颜色	白・红・黄・紫・黑 褐・橙・灰・绿
形状	圆柱・棒状 纺锤・粗筒
基部	假根・圆头・杵状
表面	平滑・粉粒・角鳞 腺点・毛鳞・网纹
大小	长：　cm 径：　cm
柄肉	纤维・粉粒・蜂窝 中空・内实・横隔
着生	中生・偏生・侧生
变色	其他

菌褶（孔）	
颜色	白・红・黄・紫・黑 褐・橙・灰・绿
着生	离生・直生 延生・凹生
褶缘	全缘・锯齿・斑纹 波浪状・毛状
变色	黑・蓝・紫・红
乳汁	白・黄・红
密度	中・稀・密・小褶 分叉・横脉
形状	平弧・广弧・厚 棱脊・蜡质 非放射状・放射状 ____个/_____mm 圆形・椭圆形 _____角形

菌环	膜质・丝膜・下垂・上举　颜色：
菌托	花苞・环鳞・粉末・角鳞・球茎颜色：

影像记录

摄影是野外观察菇类重要的记录方法，这是因为野菇的出现往往可遇不可求，且多数野菇采集后容易变形变色，所以利用摄影捕捉刹那的美艳，方便还原发现现场及对象。

⇧用三脚架辅助拍照效果较佳

不过由于野菇特征多较细微，因此单反相机及可近距离摄影的显微镜头就成了必要的工具。再者，因为野菇多半生长在较阴暗的环境及多雨的季节，所以拍照所需的曝光时间都较长，因此轻微的震动就会让画面模糊难辨，解决之道当然就是利用三脚架固定相机，提高拍照的品质。此外，由于光线不足，常造成菇体颜色有所偏差，这时便可善用铝箔纸来调节及补充亮度，至于闪光灯则应尽量避免使用，因其常会让拍照对象颜色失真及立体感较差。

如何采集野菇

不论是初学者或是野菇专家，标本的采集是无可避免的。而野外发现的菇类其实只是它们的生殖构造，适量的采集并不会影响族群的数量。以下列出采集野菇的注意事项，提供初入门者参考之用。

- 先完成文字或影像的记录后，才进行采集工作。
- 采集时最好尽量保持菇体完整，如长在木材上需附带

不直接手采，而以工具辅助采菇，较能保证菇体完整

部分木材，长在土壤上需用铲子深入土壤挖掘；而且最好采摘两个以上的菇体，因为进行显微观察时需破坏菇体。

- 采到的野菇需放入有底的纸袋，有底可以避免软质菇体因挤压而变形，而纸袋具通气性，可以避免菇体因过高的温、湿度而持续生长，却因不自然的环境长出不正常的形状或加速菇体腐败。
- 标本袋上需做编号及简单

采集完成可在标本袋上写下相关的记录

的记录（如地点、时间、发现者及生长样态等）。

- 软质菇体尽量放在背袋或篮子的上层，以避免破坏外形。
- 有些较为软嫩的菇体，则可放入塑料瓶内，避免菇体因压挤而受到破坏。

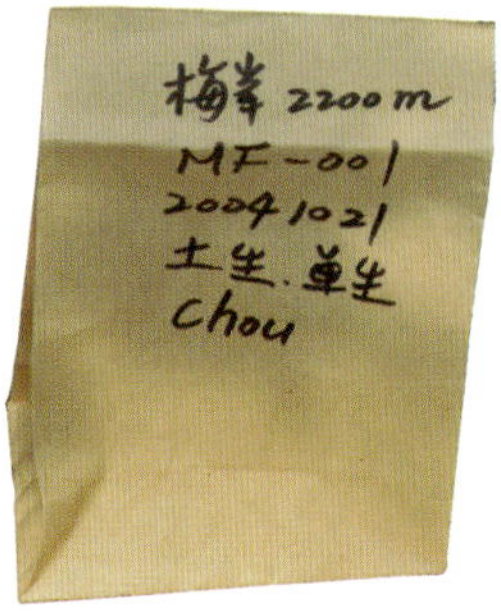

标本袋记录示范

如何保存野菇标本

采集回来的野菇，除进一步鉴定种类外，标本的制作更是日后比对及查证的重要依据。标本处理前，首先可以绘图及拍照，并详细记录菇体的细部特征，接着写下标本编号以便日后查索。目前在野菇标本制作上，主要有烘干和浸泡两种方法，下面便针对这两种方法做进一步的说明。

烘干

采集后的野菇标本应尽快烘干，尤其软菇类最好在采摘当天即予以烘干，如此才能保持标本品质，如无法当天烘干也应尽可能放入冰箱冷藏。此外，若是没有烘干的设备，则可将菇体从采集袋中取出，置于通风良好、干燥的场所，尤其针对菇体较硬的标本，这种处理方法也可以有效制作及保存品质优良的标本。以下列出的是烘干过程中的一些注意事项。

●**烘干前：**褶菌类的野菇在烘干处理前，需先制作孢子印以观察孢子颜色。另外有些野菇可能需要分离培养，而分离培养的工作也须在烘干之前完成，因烘干后的野菇大多已经没有活动了。

●**开始烘干：**一般野菇烘干的温度约 40℃，小且软的野菇则 35℃即可，温度太高有时反而会破坏它们的微细构造。烘干的时间因菇种不同而有差异，软菇类约数小时至 1 天，大且硬的多孔菌类则可能要 3 ~ 5 天。

●**烘干后：**在将标本放入标本柜前，应先放入封口塑料袋，以零下 30℃冷冻处理 3 天，借此杀死其他微生物及杜绝害虫。

烘干箱

浸泡

另一种标本制作的方式是将新鲜野菇浸泡在保存液中。保存液一般有两种配方：（1）福尔马林用蒸馏水稀释 7 ~ 10 倍；（2）90ml 的 5%酒精加入 5ml 福尔马林和 5ml 的冰醋酸。

浸液标本的最大好处是能保持菇体的形状，尤其是软菇类经烘干后，常会改变原来的外形。但此方法无法完全取代干燥法，因浸液标本不利日后微细构造的观察，且会失去部分化学检验的特性。另外，浸液标本须占用较多的贮放空间，如果仅为了展示用，这是一个不错的处理方式。

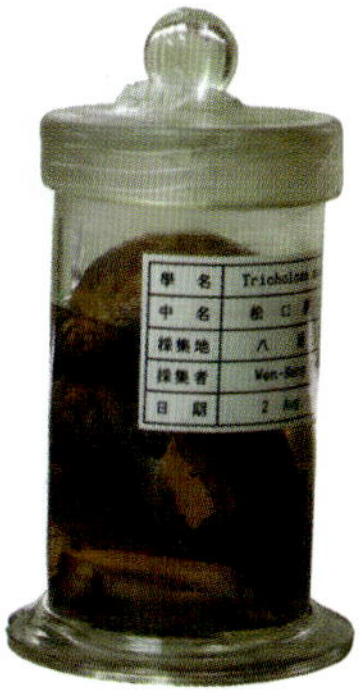

浸液标本

孢子印制作方法

采集回来的野菇除制成标本外，制作孢子印、观察孢子印的颜色也是鉴定种类重要的步骤。制作孢子印时，可以选取采集回来的其中一个菇体，将其菌柄剪下，将菌褶面盖在纸上，经过数小时孢子就会掉落纸上，形成孢子印。制好的孢子印也需阴干，以便保存及避免孢子发芽。

制好的孢子印

如何观察细微特征

野菇世界中，除少数熟悉的种类可在野外判断外，真正的鉴定工作还是得回到实验室，详细比对外观及微细特征。野菇的实验室观察工作可分为两大部分，第一部分主要是利用显微镜，放大野菇的微细构造，并详细观察记录；第二部分则是一些试剂，观察野菇微细构造对试剂的反应，并清楚记录。这两项工作完成之后，野菇真正的身份多半就呼之欲出了。

【装备与工具】

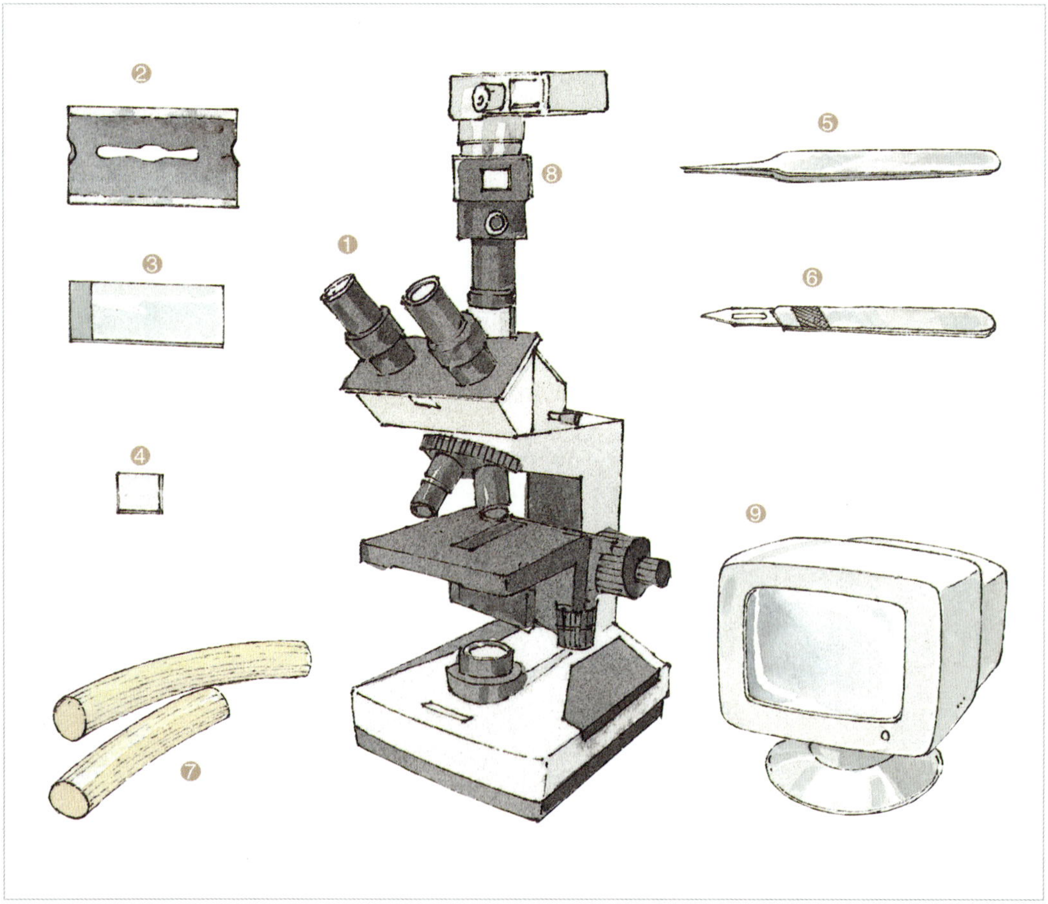

❶ 400 ~ 600 倍的光学显微镜：观察野菇微细特征用。
❷双面薄刀片：进行样本切片。
❸载玻片：放置样本薄片。
❹盖玻片：固定样本薄片。
❺镊子：辅助移动样本薄片。
❻解剖刀：辅助移动样本薄片。
❼通草：辅助固定样本。
❽显微照相机：拍照记录用。
❾监视器：供放大教学用。

细微特征观察须知

观察细微特征的首要任务是，搜寻菇种鉴定用的重要特征，其中以孢子的大小、外形、颜色、表面结构和质地最为重要，其次便是子实层或孢子周边的构造。所以如果采集到的野菇样本找不到任何孢子，就不能算是好样本。以下列出野菇细微特征观察时的注意事项，提供进行实验室工作的参考。

- 由于光学显微镜只能观察光线可穿透的样本，因此观察的样本必须切成薄片，一般使用双面薄刀片进行样本的徒手切片，样本越薄越好，如此光线的穿透度才会越好。一般在 50μm 以下的厚度才能进行观察。
- 干硬的样本可以直接以双面薄刀进行切片，然而湿软的样本则必须利用通草固定，才易于切片。此外，也有人会直接取一小块湿软的样本放在载玻片上，利用盖玻片将样本压薄来观察。
- 将样本切成薄片后，需放在载玻片上并滴上适当的试液才利于观察，如不需要特别染色或试剂测试，一般可直接选用蒸馏水或氢氧化钾（KOH）溶液。

滴入试液

- 放在显微镜下观察前，必须盖上盖玻片，此时也可适量加压，让样本变得更薄。
- 进行显微镜观察时，可从较低倍数（如 100 倍）开始，搜寻观察的目标，找到后便可放大倍数进行仔细的观察，并同时记录微细构造的形态及大小。
- 测量细微构造大小时，可在目镜内加装测微尺，描绘微细特征也可加装显微描绘器，或是直接拍下显微照以留下记录。

光学显微镜是观察菇类微细特征不可或缺的工具

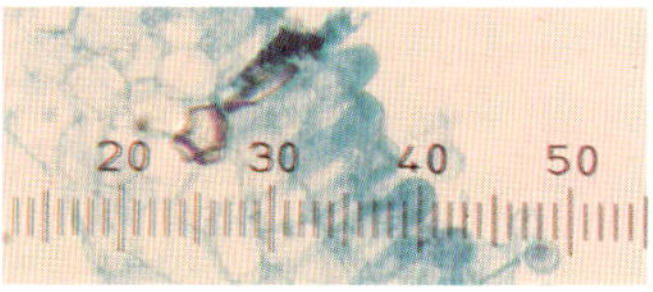

以测微尺测量细微特征

细微特征观察常用的试剂

- 2%~5% 氢氧化钾（ KOH ）溶液：滴入此试液可使干样本的细微特征恢复类似新鲜时模样，或依菇体变色情况判断科别种类。
- 乳酸酚棉蓝溶液（Lactophenol cotton blue）：子囊菌鉴定时常用的试剂，配法为 20ml 的酚、20ml 的乳酸、40ml 的甘油和 20ml 的水混合，最后加入 0.1% 的棉蓝(cotton blue ），此试剂具染色的效果。
- 梅兰氏试剂：配法为 0.5g 的碘、1.5g 的碘化钾、22g 氯化氢和 20ml 的水混合。此试剂可使淀粉质呈蓝色，糊精质呈棕色。

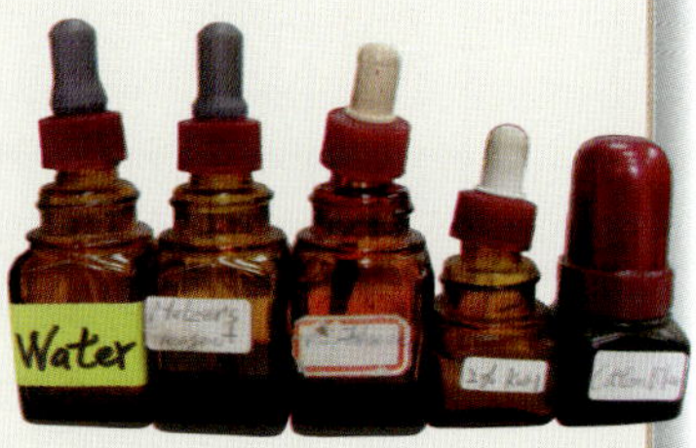

菇类记录表

采集号：

中名及学名	
采集者	
编号	
习性	地上・腐木・腐枝・腐叶 枝叶・立木・粪上・地下
生态	单生・散生・群生・簇生
产地	
日期	
附记	
孢子印	白・淡红・黄・褐・黑

菌盖	
颜色	白・红・黄・褐・黑 褐・橙・灰・绿
形状	钟・扇・半球・半圆 漏斗・中凸・中凹 中脐・平展・吊钟
边缘	平滑・条纹・残膜 沟纹・波浪・角裂残膜
直径	cm
表面	光滑・块鳞・角鳞 毛鳞・绒毛・疣状 粉状・黏滑・蜡质 龟裂・环纹・纤维丝条
菌肉	变色 尝味

菌柄			
颜色	白・红・黄・紫・黑 褐・橙・灰・绿		
形状	圆柱・棒状 纺锤・粗筒		
基部	假根・圆头・杵状		
表面	平滑・粉粒・角鳞 腺点・毛鳞・网纹		
大小	长：　cm 径：　cm		
柄肉	纤维・粉粒・蜂窝 中空・内实・横隔		
着生	中生・偏生・侧生		
变色		其他	

菌褶（孔）	
颜色	白・红・黄・紫・黑 褐・橙・灰・绿
着生	离生・直生 延生・凹生
褶缘	全缘・锯齿・斑纹 波浪状・毛状
变色	黑・蓝・紫・红
乳汁	白・黄・红
密度	中・稀・密・小褶 分叉・横脉
形状	平弧・广弧・厚 棱脊・蜡质
	非放射状・放射状
	____个/____mm 圆形・椭圆形 ____角形

菌环	膜质・丝膜・下垂・上举　　颜色：
菌托	花苞・环鳞・粉末・角鳞・球茎颜色：

●野外赏菇时，可放大拍摄数张，供观察记录之用。

如何避免误食毒菇

从古至今关于毒菇中毒的案例不乏听闻，民间也流传着颜色鲜艳或让银器变黑的野菇，千万碰不得的说法。其实到目前为止，还没有一种既简单又快速分辨毒菇的要诀，因此总让人们对野生的菇类避而远之。不过值得庆幸的是，所有的毒菇记录中并未出现具触摸性毒素的种类，而且毒菇也不像蜜蜂、蛇类等会蜇咬注入毒素，因此预防中毒最好的方式，就是避免食用食性不明的野菇。

认识毒菇的种类

毒菇所带的毒性，主要可分为“肠胃型”“肝损害型”“神经性”“溶血性”4种，其中肠胃型的毒素主要侵袭消化系统，误食会出现恶心、剧烈呕吐、腹痛、腹泻等症状。肝损害型的毒素主要侵袭肝脏组织、破坏肝细胞，影响肝脏正常功能，死亡率很高。神经性的毒素主要侵袭神经系统，若出现意识模糊、幻觉等症状，甚至表现中毒性精神病的症状，故又称为“幻觉型毒素”。溶血性毒菇则主要指的是鹿花菌，其毒素可破坏红细胞，引起急性溶血性贫血。

◁鹅膏科是毒菇的大本营，其菌褶离生、菌柄基部具菌托，为典型毒菇的代表

采食野菇须知

- 毒菇的毒素只要不吞入肚里，触摸或皮肤沾染是不会中毒的，但需注意有人对某些野菇的孢子会过敏，应避免嗅闻。
- 不采食菌柄基部膨大、具菌环且孢子又是淡色的野菇，因为多数具有此种特征的野菇，为含有致死毒性的鹅膏或近似种。
- 不采食菇体受伤后变蓝的野菇，因为多数神经幻觉型毒菇具此特征。
- 不采食菇体呈脑状或马鞍形的野菇，因为多数有毒的子囊菌，如鹿花菌，具此特征。
- 在国外，不任意采食与自己国家食用菇外观相似的野菇，以避免误采毒菇而中毒。
- 不生食任何野菇，且煮熟后应将汤汁弃置，以避免水溶性毒素的毒害。
- 煮食不知名的野菇前，可取一小片置于舌尖试验，如感觉麻麻的或有其他不适就应予以弃置。
- 不将不同种的野菇混合煮食，以免多重中毒，增加救治的困难。
- 不食用过熟或部分腐烂的野菇，避免其上滋生微生物，造成食物中毒。
- 有些野菇与酒共食会出现中毒现象，所以品尝野菇时，尽量不要饮酒。

毒菇中毒处理须知

毒菇的毒素类型种类繁多，目前研究已知的不到其中的10％（如鹅膏素、裸盖菇素、毒蝇碱），也就是说，几乎有90％的毒菇中毒案例，仍无法得知中毒的机制。再加上个人体质及食用方法、用量上的差异，因而对每种毒菇所含的毒素反应也并不相同，所以整体来说，目前医学上对于毒菇中毒的处理，多半采取消极性做法。以下提供毒菇中毒的紧急处理须知，让读者在面对此类意外时，可以将伤害减至最小。

- 尽快带着吃剩的菇体将病患送医，如失水过多，可补充电解质。
- 确定食用野菇与发病之间的时间间隔。
- 中毒不久（2小时以内），可以对神智清醒的病患进行催吐或服用活性炭。
- 若中毒过久，且症状严重（如肝、肾功能受损），最好咨询真菌专家进行野菇毒素的确定，并视症状给予适当的药物治疗。
- 最后仍可将残留的菇体（甚至呕吐物中的孢子）给真菌专家鉴定，建立毒菇中毒的有用档案资料。
- 相关部门对毒菇中毒的案例，可在发现地区进行积极的宣传教育，并主动对剧毒性毒菇种类进行系统性的分布调查，以避免悲剧重演。

不可不知的致命性毒菇

大孢黏滑菇（神经性）

土味丝盖伞（肠胃型）

鳞柄白毒鹅膏（肝损害型）

毒红菇（肠胃型）

锥形湿伞（肠胃型）

栎生鹅膏（肝损害型）

簇生沿丝伞（肠胃型）

球茎鹅膏（肝损害型）

鹿花菌（溶血性）

【资料图片来源】（数字为页码）

- 全书照片（除特别注记外）／周文能、张东柱、王也珍共同提供
- 139 右下照片／许原瑞提供
- 156 右中照片／文华安提供
- 157 右上照片／文华安提供
- 161 左下照片／王宗慈提供
- 173 右上照片／邱文慧提供
- 193 左下照片／俞永信提供
- 全书手绘图（除特别注记外）／黄昆谋绘
- 34、57、63、108、109、111、148、152 电脑绘图／陈春惠绘

【备注】本书关于子囊菌类及接合菌类的相关资料，由王也珍博士提供，在此特别致谢。

【作者简介】

张东柱

1957 年生于台湾台中市，1990 年取得美国夏威夷大学植物病理系博士学位，后服务于台湾林业试验所森林保护系（组），1997~2004 年接任森林保护系主任，卸任后任研究员。他积极投入树木病害及菇类的研究，其中又以多孔菌为主要的研究对象，迄今已发表 90 多篇学术论文，出版 20 多本专著，包括《台湾常见树木病害》《台湾真菌名录》《福山大型真菌》《大自然魔法师——台湾大型真菌》《野菇图鉴》等。此外，在菇类多样性科学及教育方面的成果包括：发表 20 多种世界新种真菌及近 200 种台湾新种，保存 400 多种真菌培养菌株，为一些森林及真菌的专业杂志撰写关于菇类的科普文章，借以普及森林保护与真菌的有趣生态知识。

周文能

1958 年生于台湾台北市，现任台湾自然科学博物馆植物学组助理研究员。于台湾屏东科技大学森林系毕业后，任职台湾林业试验所，从事林木菌根研究，才与真菌结缘，进而到台湾大学植物系、植病系旁听真菌学课程，之后在台湾大学森林研究所专攻菌根菌。在此过程中不知不觉间接触到许多美丽而多样的软菇类，除了工作之余拍菇自娱，连带着也迷上各种菇类造型、图片的收集，不论在哪里，一有空闲就大街小巷四处找寻属于自己的菇类“玩具”。1994 年进入台湾自然科学博物馆，专门从事菇类采集、收藏及推广工作，迄今已发表论文 20 多篇，出版《有趣的真菌》《台湾高等真菌》《福山大型真菌》《大自然魔法师——台湾大型真菌》《野菇图鉴》等专著。此外，因内心深深感觉到当地确实是研究菇类的宝地，所以毕生最大的愿望便是向民众普及菇类知识，期待能引起更多同好投入野生菇类的研究。

【绘者简介】

黄昆谋

台湾台东市出生。喜欢大自然，喜欢欣赏它，喜欢靠近它，也许是因为空气特别好，也许是期待会发现什么新奇事物。

从事绘图工作多年，很幸运地可以接触到许许多多的题材。自然的、人文的，每接触一种，就如同上了宝贵的一课，这次参与《野菇入门》一书的生态绘图工作，很高兴又能接触到自己觉得满新鲜，无论色彩与造型均具有吸引力与挑战性的题材，尤其对于它们的生态习性又能有一番全新的认识。

近年来的作品包括：《台湾昆虫大发现》《台北古迹侦探游》《古迹入门》《鱼类入门》《蕨类入门》《大台北空中散步》等。

《自然野趣大观察》

美的生活，来自发现的激动和探索的惊奇
发现自然与人文的美丽

“渴望大自然，喜欢欣赏它，喜欢靠近它，

也许是空气特别好，也许是期待会发现什么新奇的事物！”

喜欢在自然里玩耍，驻足观察一朵野花、一只小虫、一片叶子……

每一次“发现”，都是喜悦与激动的美好珍藏，那当下，宛如“真”与“美”的亲密交会，也是知识的启蒙。

《自然野趣大观察》以生动活泼的图解入门，搭配完备易查的生态图鉴，以及现场观察的秘诀与赏游路线，展现丰富多彩的自然宝藏、人文财富，开启了知识探索与生活视野的无限可能……

第一本自然人文昆虫生态百科

《自然野趣大观察·昆虫》

▶“蜘蛛是昆虫吗？”从解答这样的问题开始，一步步全面探索多姿多彩的昆虫世界。以简单有趣的直觉法迅速辨认41类常见昆虫，接着传授与昆虫相遇的基本方法，并讲述现场观察昆虫的要诀，然后提供采集、饲养、制作标本与做观察记录的方法步骤……循序渐进，让你在最短的时间内，由“虫盲”升级为“虫痴”！

第一本开创新视野的鱼类经典百科

《自然野趣大观察·鱼类》

▶本书的认识篇溯古通今，全面透视鱼类；环境篇介绍鱼类的栖息地及其分布，带你认识鱼类的家；观察篇一次传授56科鱼类的辨识要诀，并探讨鱼类演化的秘密与有趣的生态现象；附录则提供到鱼市场、水族馆或下海潜水等使用的鱼类观察行动指南！

第一本野外探寻蕨类的图解指南

《自然野趣大观察·蕨类》

▶本书从辨识蕨类的特征开始，带领大家一步步揭开蕨类朦胧的面纱。认识篇全面透视蕨类；相遇篇让你轻松遇见蕨类；观察篇一次传授34科代表种蕨类的辨识要诀；附录则提供采集、记录与制作标本的原则与方法！

第一本全面透视野菇的观赏秘籍

《自然野趣大观察·野菇》

▶本书从辨识野菇的特征开始，逐步带领大家进入广大而有趣的野菇世界。认识篇逐一解开谜团；观察篇传授野菇辨识要诀和有趣的相关事物；相遇篇让你轻松寻得野菇；附录则提供野菇观察、记录和采集的方法和原则以及毒菇的相关知识。期待所有爱菇人能借此真正进入野菇的世界！

著作权合同登记号：图字 13-2015-035

图书在版编目（CIP）数据

自然野趣大观察：超值版．野菇 / 张东柱，周文能著；黄崑谋绘．—福州：福建科学技术出版社，2016.7（2019.4 重印）
ISBN 978-7-5335-5079-0

Ⅰ．①自… Ⅱ．①张… ②周… ③黄… Ⅲ．①自然科学－普及读物②野生植物－蘑菇－普及读物 Ⅳ．① N49 ② S646.1-49

中国版本图书馆 CIP 数据核字 (2016) 第 135382 号

书　　名	**自然野趣大观察·野菇（超值版）**
著　　者	张东柱　周文能
绘　　者	黄崑谋
出版发行	海峡出版发行集团 福建科学技术出版社
社　　址	福州市东水路 76 号（邮编 350001）
网　　址	www.fjstp.com
经　　销	福建新华发行（集团）有限责任公司
印　　刷	天津画中画印刷有限公司
开　　本	700 毫米 ×1000 毫米　1/16
印　　张	13
图　　文	208 码
版　　次	2016 年 7 月第 1 版
印　　次	2019 年 4 月第 4 次印刷
书　　号	ISBN 978-7-5335-5079-0
定　　价	58.00 元

书中如有印装质量问题，可直接向本社调换